Risikomanagement bei Public Private Partnerships

Andreas Pfnür • Christoph Schetter
Henning Schöbener

Risikomanagement bei Public Private Partnerships

Springer

Prof. Dr. Andreas Pfnür
Technische Universität Darmstadt
Fachgebiet Immobilienwirtschaft und
Baubetriebswirtschaftslehre
Hochschulstraße 1
64289 Darmstadt, Deutschland
pfnuer@bwl.tu-darmstadt.de

Dipl.-Wirtsch.-Ing. Christoph Schetter
PEEGUT Straßen- und Tiefbau GmbH
Dieselstraße 17
36041 Fulda-Rodges, Deutschland
schetter@peegut.de

Dipl.-Wirtsch.-Ing. Henning Schöbener
Lahmeyer Rhein-Main GmbH
Friedberger Straße 173
61118 Bad Vilbel, Deutschland
henning.schoebener@lahmeyer-rhein-main.de

ISBN 978-3-642-01072-9 e-ISBN 978-3-642-01073-6
DOI 10.1007/978-3-642-01073-6
Springer Heidelberg Dordrecht London New York

Die Deutsche Nationalbibliothek verzeichnet diese Publikation in der Deutschen Nationalbibliografie; detaillierte bibliografische Daten sind im Internet über http://dnb.d-nb.de abrufbar.

Einbandentwurf: WMXDesign GmbH, Heidelberg

Gedruckt auf säurefreiem Papier

Springer ist Teil der Fachverlagsgruppe Springer Science+Business Media (www.springer.com)

Vorwort

Ziel dieses Buches ist die Darstellung des Status quo im Risikomanagement öffentlicher Infrastrukturinvestitionen sowie der Diskussion von Möglichkeiten und Grenzen der Weiterentwicklung. Für die Autoren ist das Risikomanagement DER kritische Erfolgsfaktor für die Weiterentwicklung des PPP Marktes nicht nur in Deutschland. Gleichzeitig weisen bestehende Risikomanagementsysteme und -instrumente erhebliche Entwicklungspotenziale auf, die zumindest stellenweise schnell und ohne hohe Kosten zu heben sind. In dem Buch findet einerseits eine fundierte Kritik der bestehenden Verfahren statt, andererseits werden konkrete praktische Beispiele für Verfahrensinnovationen gegeben. Das Buch richtet sich vordringlich an Entscheidungsträger in Politik und Verwaltung sowie im PPP Geschäft befindliche Projektmanager.

Die Basis des vorliegenden Werks ist eine intensive Diskussion des Status quo und der Entwicklungsperspektiven des Risikomanagements in Public Private Partnerships in Deutschland mit einer Arbeitsgruppe der Initiative Finanzstandort Deutschland (ifd). Im Rahmen der wissenschaftlichen Begleitung der Arbeitsgruppe durch die Autoren sind Grundsteine für diese Veröffentlichung entstanden. Ein ursprünglicher Zweck der Arbeitsgruppe und deren wissenschaftlicher Begleitung war es, der mittlerweile unter dem Namen ÖPP Deutschland AG ins Leben gerufenen Beratungsgesellschaft Entwicklungspotenziale im Risikomanagement von ÖPP aufzuzeigen. Die Autoren danken der ifd und den dort organisierten Mitgliedsunternehmen für die Finanzierung der Arbeiten sowie den Mitgliedern der Arbeitsgruppe Risikomanagement für den intensiven fachlichen Input. Besonderer Dank gilt dem Leiter der ifd Arbeitsgruppe, Herrn Rolf Ulrich (Commerzbank AG) sowie den Herren Gerhard Becher (Bilfinger Berger), Helmut Faust (Bayern LB), Dr. Christian Glock (Bilfinger Berger), Alexander Hofman (Hochtief) und Rene Reinsberg (Morgan Stanley).

Darmstadt

Andreas Pfnür
Christoph Schetter
Henning Schöbener

Gefördert durch

BayernLB

Helaba Landesbank Hessen-Thüringen

Bilfinger Berger Project Investments

HOCHTIEF PPP SOLUTIONS

COMMERZBANK

KfW BANKENGRUPPE

Deutsche Bank

LBBW Landesbank Baden-Württemberg

DIE DEUTSCHE BAUINDUSTRIE

Finanzgruppe Deutscher Sparkassen- und Giroverband

DZ BANK Zusammen geht mehr.

WestLB

Inhaltsverzeichnis

Abbildungsverzeichnis

Tabellenverzeichnis

Kapitel 1
Einführung

Public Private Partnerships haben sich in den letzten Jahren in Deutschland vom Schlagwort zum Konzept entwickelt. Maßgeblichen Anteil an dieser Entwicklung hat die Beschaffungspraxis der öffentlichen Hand, die dazu geführt hat, dass die Anzahl an PPP-Projekten in Deutschland sprunghaft angestiegen ist. Dem Naturell schnell wachsender Märkte entsprechend waren die Ressourcen der Akteure vor allem in der operativen Durchführung der Projekte gebunden. Dabei sind umfangreiche Erfahrungen gesammelt worden, die vor allem die Stärken und Schwächen des PPP-Konzepts sowie dessen noch brach liegende Potenziale und Entwicklungsbedarfe umfassen. Während auf der leistungswirtschaftlichen Seite des Planens, Bauens und Betreibens das PPP-Konzept bereits recht ausgereift ist, zeigen die Projekterfahrungen auf der finanzwirtschaftlichen Seite der Projekte noch erhebliches Entwicklungspotenzial. Besondere Bedeutung einer effektiven Finanzierung öffentlicher Infrastrukturinvestitionen kommt der Identifikation, Bewertung und Allokation der Investitionsrisiken zu. Öffentliche Infrastrukturinvestitionen bergen aufgrund ihrer langen Laufzeit und ihres hohen Kapitaleinsatzes immer auch ein erhebliches finanzielles Risiko für den Projektträger. PPP-Konzepte bieten neben der Selbsterstellung im öffentlichen Sektor und dem Fremdbezug der Leistungen eine dritte Beschaffungsvariante, deren wesentliches Potenzial auch im flexiblen Umgang mit den Risiken und damit im effektiveren Management finanzieller Risiken liegt. Ein Abgleich des Entwicklungsstands von Risikoteilung und Risikotransfer in deutschen PPP–Projekten mit anderen, vordringlich kapitalmarktnahen Finanzierungsformen zeigt, dass das Potenzial im Risikotransfer vielfach noch nicht richtig erkannt und ausgenutzt wird. Derzeit bieten vor allem die Risikobewertung, die Wege zur Risikoteilung zwischen den Projektbeteiligten und die Einbeziehung von Akteuren des Kapitalmarkts als Träger von Risiken maßgebliches Potenzial zur weiteren Steigerung des Risikomanagements bei öffentlichen Infrastrukturinvestitionen in Deutschland. Ziel des vorliegenden Beitrags ist es, diese Potenziale zu identifizieren und die Möglichkeiten und Grenzen der Weiterentwicklung der PPP-Modelle zur Umsetzung deutscher Infrastrukturinvestitionen aufzuzeigen.

Untersuchungsgegenstand dieser Arbeit sind Public Private Partnership Projekte, die ihren Anwendungsbereich in der Bundesrepublik Deutschland haben. Der sektorale Schwerpunkt liegt dabei auf Infrastruktur-Investitionsprojekten, also solchen

A. Pfnür et al., *Risikomanagement bei Public Private Partnerships*,
DOI 10.1007/978-3-642-01073-6_1, © Springer-Verlag Berlin Heidelberg 2010

aus dem öffentlichen Hoch-, Straßen- und Ingenieurbau. Der vorliegende Beitrag untergliedert sich in die Teile A bis C. Diese Untergliederung wurde vorgenommen, um unterschiedlichen Zielgruppen gerecht werden zu können.

Der Teil A richtet sich im Kern an bislang mit PPP-Projekten nicht befasste Entscheidungsträger des öffentlichen Sektors, die sich grundsätzlich orientieren möchten. Zweck der Ausführung ist die Erstinformation über die Möglichkeiten und Grenzen der PPP-Beschaffungsvariante zur Bewältigung von Investitionsrisiken im öffentlichen Sektor. Der Leser nimmt Einsicht in das betriebswirtschaftliche Grundverständnis des Begriffes Risiko. Es wird erläutert, auf welchem Weg Risiken von öffentlichen Investitionen ausgehen und wie mit Hilfe unterschiedlicher Beschaffungsvarianten die Risikopositionen beeinflusst werden können. Eine besondere Bedeutung kommt dabei der PPP-Beschaffungsvariante zu.

Die Zielgruppe des Teils B sind PPP-erfahrene Akteure des öffentlichen Sektors und der Privatwirtschaft. Zweck der Ausführung ist zunächst die Ermittlung des Status quo im Risikomanagement von PPP-Projekten. Da in Theorie und Praxis diesem Problemfeld bislang erst vergleichsweise wenig Beachtung geschenkt wurde, gibt es reichlich Ansatzpunkte, die vorliegenden Methoden und Instrumente kritisch zu analysieren und Verbesserungen vorzunehmen.

Der Zweck des Teils C besteht in der Darstellung von Optimierungspotenzialen und Weiterentwicklungen des Risikotransfers bei öffentlichen Investitionen mittels PPP. Ansatzpunkte in den tradierten Bereichen sind hier insbesondere die Verbesserung der Informationsgrundlagen in PPP Entscheidungen, die Methodik der Risikobewertung sowie die nachhaltige Sicherstellung eines effizienten Risikotransfers mittels Risiko-Controlling. Im Kapitel acht wird schließlich untersucht, welche Perspektiven die Übertragung von Risiken an Dritte mittels Instrumenten des Kapital- und Versicherungsmarkts bietet.

Teil I
Eine grundsätzliche Orientierung

Kapitel 2
Begriffliche Grundlagen

2.1 Vom Risiko zum Risikotransfer

Der Begriff Risiko hat in der Umgangssprache wie auch in der wissenschaftlichen Literatur vielfältige Bedeutungen erlangt. Umgangssprachlich wird mit dem Begriff Risiko automatisch die negativ belegte Furcht verbunden, einen Verlust zu erleiden oder ein angestrebtes Ziel nicht zu erreichen.

In der ökonomischen Risikotheorie kennzeichnet der Begriff Risiko zunächst wertfrei einen Zustand. Hier wird Risiko gemeinhin definiert als Unsicherheit wirtschaftlicher Werte und ist damit eng verbunden mit der Unsicherheit darüber, in welchem Ausmaß ein angepeiltes Ziel tatsächlich erreicht wird. Ökonomisch gesehen birgt die Unsicherheit auf der einen Seite Risiken und ist gleichzeitig auf der anderen Seite Quelle von Unternehmertum und Wettbewerb. Durch Nutzung individueller Informationsvorsprünge und Fähigkeiten sind Wirtschaftssubjekte in der Lage, Chancen zu realisieren und die wirtschaftlichen Auswirkungen der Risikoübernahme einzuschätzen. Wer Risiken besser bewältigen kann, wird auch Leistungen im Wettbewerb effektiver und effizienter erbringen können. Unsicherheit und Risiko sind notwendige Bedingung für das Entstehen von unternehmerischen Chancen. Ökonomisch sind Risiko und Chance somit zwei Seiten einer Medaille: ohne Risiko keine Chance, ohne Chance kein unternehmerisches Handeln.

Unter Risikotransfer wird die Verschiebung von Risiken in arbeitsteiligen Systemen von einem Wirtschaftssubjekt auf ein anderes verstanden. Ein Grundprinzip des Risikomanagements ist es, mittels Risikotransfer im Rahmen der Risikoallokation die Risiken an denjenigen zu übertragen, der die Risiken am besten beherrscht. Die Gesamtaufgabe kann auf diese Art effizienter erledigt werden. Voraussetzung des Risikotransfers ist es, dass Risiken als Wirtschaftsgut gehandelt werden können. Hierzu sind insbesondere die Risiken sachlich abzugrenzen und rechtlich eindeutig zu definieren. In einem einfachen Vertrag oder einer komplexeren gesellschaftsrechtlichen Konstruktion sind einerseits die Pflichten der Risikoübernahme dem jeweiligen Risikoträger zuzuordnen und andererseits die Vergütung der Leistung zu regeln. Der aus der Risikoteilung entstandene Effizienzgewinn wird zwischen den Akteuren geteilt. In ökonomischen Systemen erfolgt die Teilung des Effizienzgewinns anhand von Angebot und Nachfrage über den Preismechanismus.

A. Pfnür et al., *Risikomanagement bei Public Private Partnerships*,
DOI 10.1007/978-3-642-01073-6_2, © Springer-Verlag Berlin Heidelberg 2010

Die Preisbereitschaft der Nachfrager richtet sich nach ihrem Nutzen aus der Risikovermeidung, der maßgeblich determiniert wird durch ihre Risikoeinstellung. Mit zunehmender Risikoscheu werden die Nachfrager bereit sein, den Transfers des Risikos höher zu vergüten. Die Anbieter auf der Marktgegenseite kalkulieren im idealtypischen Modellfall zunächst einen unteren Grenzpreis auf der Basis der Kosten, die ihnen durch die Risikoübernahme entstehen, zuzüglich einer Gewinnmarge. Übersteigt die Preisbereitschaft (hier der öffentlichen Hand) zur Risikoabsicherung den Angebotspreis zuzüglich der Summe der auf beiden Seiten entstehenden Transaktionskosten, kommt es zum Risikotransfer.

Unternehmen sind in ihrer Möglichkeit, Risiken zu übernehmen, rechtlich und ökonomisch begrenzt. Die Begrenzung bildet das Eigenkapital des Unternehmens, welches als Risikokapital den eingegangenen Risiken gegenübergestellt wird. In dieser Bilanz werden alle Risiken monetär bewertet und mit dem Eigenkapital saldiert. Solange sich ein positiver Saldo im Rahmen der Risikokostenkalkulation ergibt, können Unternehmen weitere Risiken aus unternehmerischer Tätigkeit auf sich nehmen. Das Ziel des Risikomanagements ist es, das verfügbare Risikokapital in Geschäften zu binden, die eine möglichst hohe Rendite versprechen. Immer dann, wenn durch Neugeschäft die Rendite-Risikoposition des Unternehmens verbessert werden kann, steht ein Risikotransfer zur Disposition. In diesem Fall wird geprüft, ob durch Maßnahmen wie beispielsweise dem Verkauf des Risikos oder dessen Versicherung niedrigere Kosten entstehen als mögliche Erlöse durch das Neugeschäft.

In seinen Wesenszügen ist der Risikotransfer ein finanzwirtschaftliches Geschäft. So kann der Handel an Finanzmärkten als Handel und damit Transfer von Risiken erklärt werden. Die praktische Abwicklung von Risikotransfers erfolgt beispielsweise in Form einer Versicherung, einer Unternehmensbeteiligung oder durch die Bereitstellung von Fremdkapital. Darüber hinaus werden Risiken quasi Huckepack im Gepäck von realwirtschaftlichen Geschäften im Rahmen von Planungs-, Bau-, Betreiber- oder Verwertungsaufträgen auf die jeweiligen Leistungserbringer transferiert.

2.2 Public Private Partnership: Vom Schlagwort zum klar umrissenen Konzept

Der Begriff „Public Private Partnership *bezeichnet eine dauerhafte Kooperation zwischen öffentlichen Verwaltungsträgern und erwerbswirtschaftlichen Unternehmen zur Erfüllung kommunaler* [Anmerkung der Verfasser: hier öffentlicher] *Aufgaben, in die beide Sektoren spezifische Ressourcen (z. B. Kapital, Rechte, Informationen, Know-how) einbringen, um komplementäre oder kongruente Ziele zu erreichen und gleichberechtigt Chancen und Risiken zu tragen.*“[1]

Neben dem Begriff PPP findet in Deutschland zunehmend der Begriff Öffentlich-Private-Partnerschaft (ÖPP) Verwendung. Inhaltlich sind beide Begriffe

[1] Budäus (2004).

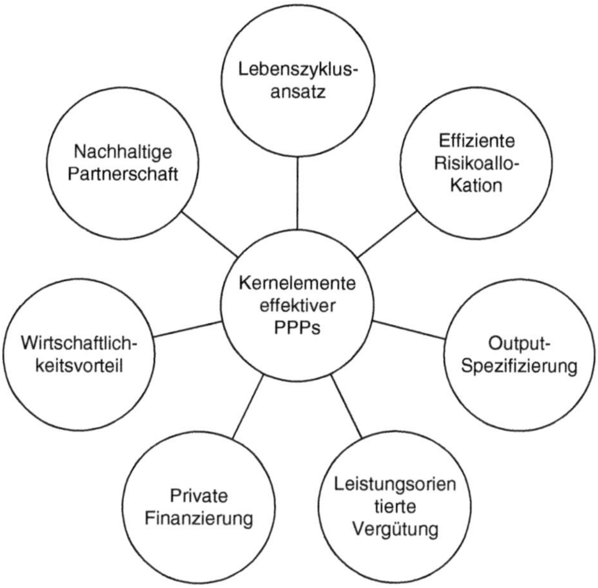

Abb. 2.1 Sieben Kernelemente von echten PPPs (Quelle: Eigene Darstellung)

Synonyme, wenngleich der Begriff ÖPP zukünftig stärker einen spezifisch deutschen Weg in der Realisierung von PPPs kennzeichnen könnte.

Vielfach ist in der öffentlichen Diskussion nicht klar, was unter einer PPP im Sinne der oben dargestellten Definition zu verstehen ist. Der PPP-Begriff hat sich in der Fachwelt mehr und mehr zu einem klar umrissenen Konzeptbegriff entwickelt. In diesem Sinne „echte PPPs" sind durch die in der Abb. 2.1 dargestellten und nachfolgend näher beschriebenen sieben Kernelemente gekennzeichnet:

1. Im Rahmen von PPPs werden dem privaten Partner alle Aufgaben über den gesamten Lebenszyklus hinweg übertragen. Dazu gehören die Planung, die Errichtung beziehungsweise die Sanierung, die Finanzierung, der Betrieb und in einigen Fällen die Verwertung. Die **lebenszyklusintegrierte Planung und Durchführung des Projekts** ist eine wichtige Quelle für das Effizienzsteigerungspotenzial von PPPs. Beispielsweise fallen bei immobilienwirtschaftlichen PPPs bis zu 90% der Lebenszykluskosten typischerweise in der Nutzungsphase an. Bereits in der Planungs- und Bauphase gilt es deshalb, die zukünftigen laufenden Kosten im Blick zu behalten, um das Nutzungskostenoptimum sicherzustellen.
2. Ein ganz wesentliches Potenzial von PPPs besteht in der effizienten **Allokation der Projektrisiken**. In PPPs sollte derjenige Partner die Risiken tragen, der sie am besten beherrscht. Im nachhaltigen Transfer vielfältiger Risiken, die sich letztendlich in den kumulierten Nutzungskosten der öffentlichen Hand niederschlagen, liegt der Schlüssel zu erfolgreichen PPPs.
3. Die vom öffentlichen Auftraggeber nachgefragte Leistung wird auf der Grundlage einer „**Output-Spezifizierung**" (funktionale ergebnisorientierte Leistungsbeschreibung) definiert, die dem Privaten den Spielraum für die Entscheidungen belässt, wie er das Ergebnis effizient herbeiführen kann. Eine de-

taillierte Leistungsbeschreibung mit Leistungsverzeichnis würde dem Privaten den Raum nehmen, sein Know-how durch das Erarbeiten kreativer Lösungen einzubringen.

4. Die **Vergütung des Privaten erfolgt leistungsorientiert** anhand der erbrachten Leistungen. Die vertraglichen Regelungen von PPPs sehen Kriterien vor, anhand derer über die Qualität der erbrachten Leistungen, die ihren Niederschlag zum Beispiel in Bonus- und Malus-Zahlungen findet, zu entscheiden ist.
5. PPP-Projekte werden **mit privatem Kapital finanziert**. Die Kapitalbeschaffung findet damit jenseits des öffentlichen Haushalts statt. In dem Umfang, in dem Risiken auf die privaten Finanzierungspartner übertragen werden, werden diese die Finanzierungssicht kritisch prüfen. Die Einbindung privaten Kapitals ist somit ein wichtiges Instrument des Risikomanagements bei öffentlichen Infrastrukturinvestitionen. Das Angebot von privatem Kapital ist renditeorientiert und deshalb müssen die Projektrisiken entsprechend gut strukturiert sein. Der Projektpartner muss angesichts des ihm nur begrenzt zur Verfügung stehenden Risikokapitals eine zu seiner individuellen Situation passende Rendite-Risiko-Relation des Projekts erkennen können.
6. Die Beteiligung privater Partner an PPPs schafft in geeigneten Anwendungsfeldern gegenüber der Eigenrealisierung Leistungs- und Innovationsanreize, die sich in einem **Wirtschaftlichkeitsvorteil** der PPP-Variante niederschlagen können. Ein PPP ist haushalts- und vergaberechtlich nur dann zulässig, wenn sich ein solcher Wirtschaftlichkeitsvorteil zugunsten dieser Beschaffungsvariante nachweisen lässt. Haushaltsrechtlich gilt für alle öffentlichen Investitionen, dass sie den Grundsätzen der Wirtschaftlichkeit und Sparsamkeit gerecht werden müssen. Diese Grundsätze sind auf Bundesebene in den Verwaltungsvorschriften (VV) des § 7 der Bundeshaushaltsordnung (BHO) enthalten. Weiterhin werden diese Prinzipien in Art. 114 Abs. 2 GG, § 92 Abs. 2 HGO und § 6 HGrG geregelt. Ein PPP-Projekt ist demzufolge immer dann zulässig, wenn die Wirtschaftlichkeit besser oder gleich einer alternativen Beschaffungsvariante abschneidet.
7. Der Treibstoff, der PPPs am Leben erhält, ist die PPP-Rendite, die zwischen dem öffentlichen Auftraggeber und den privaten Partnern geteilt wird. Bleibt der Erfolg aus, können beide Seiten im Falle von unvollständigen Verträgen vielfältige Möglichkeiten nutzen, sich durch opportunistisches Verhalten Vorteile auf Kosten des jeweils anderen Partners zu verschaffen. Grundvoraussetzung für ein erfolgreiches PPP-Projekt ist somit das **partnerschaftliche Verhalten der Akteure.** Ohne einen partnerschaftlichen Umgang mit unvorhersehbaren Chancen und Risiken wird eine PPP dauerhaft nicht funktionieren. Opportunistisch auf den einseitigen Vorteil agierendes Handeln wird bei nächster Gelegenheit vom Partner vergolten. Im Ergebnis gerät die Wirtschaftlichkeit des Gesamtprojekts in Gefahr.

Da es sich bei dem hier insbesondere untersuchten Risikotransfer dem Wesen nach um einen finanzwirtschaftlichen Effekt handelt, spielt der zugrunde liegende realwirtschaftliche Anwendungsbereich nur eine nachgelagerte Rolle. Die Grundmechanismen des Risikotransfers und der Risikoallokation sind in allen Anwendungsbereichen von Public Private Partnership ihrem Wesen nach gleich.

Literatur und Lesetipps

Zitierte Literatur

Budäus, Dietrich (2004): Public Private Partnership – Ansätze, Funktionen, Gestaltungsbedarfe. In: Gesellschaft für öffentliche Wirtschaft (Hrsg.), Public Private Partnership: Formen – Risiken – Chancen, Berlin, S. 9–22.

Ausgewählte weiterführende Literaturempfehlungen

BMVBW (2003): Gutachten – PPP im Öffentlichen Hochbau, Band I: Leitfaden. Berlin.

Budäus, Dietrich (2004): Public Private Partnership – Ansätze, Funktionen, Gestaltungsbedarfe. In: Gesellschaft für öffentliche Wirtschaft (Hrsg.): Public Private Partnership: Formen – Risiken – Chancen, Berlin, S. 9–22.

Streitferdt, Lothar (1973): Grundlagen und Probleme der betriebswirtschaftlichen Risikotheorie. Wiesbaden.

Kapitel 3
Grundverständnis des Risikomanagements bei öffentlichen Investitionen in Deutschland

3.1 Risiken und deren Ursachen

Ökonomische Risiken resultieren aus unsicheren Erwartungen über die zukünftige Entwicklung im Rahmen von Planungs- und Entscheidungsprozessen. Die Determinanten des Risikos sind erstens die Wahrscheinlichkeit, mit der Abweichungen von einem Plan eintreten, sowie zweitens die Höhe des daraus resultierenden Schadens. Vice versa gelten auf der Kehrseite der Medaille diese Zusammenhänge auch für die ökonomischen Chancen. Im Folgenden konzentrieren sich die Ausführungen auf die negative Seite der Risiken.

3.1.1 Ausmaß der Unsicherheit als Risikodeterminante

Da in realen Entscheidungssituationen de facto nie Sicherheit über die zukünftige Entwicklung herrscht, sind Risikosituationen im Wirtschaftsleben allgegenwärtig. Typischer Weise wird unterstellt, dass die Unsicherheit und damit auch das Risiko mit zunehmendem Planungshorizont ansteigen.

Wie hoch die Unsicherheit über den Erfolg von selbst so vermeintlich sicheren Investitionen wie Immobilieninvestitionen ist, verdeutlichen beispielhaft die Ergebnisse einer empirischen Unternehmensbefragung zu den Risiken von Immobilieninvestments institutioneller Immobilieninvestoren in Deutschland, die auch erste Hinweise auf die Unsicherheit der Eingangsdaten von öffentlichen Infrastrukturinvestitionen erlaubt. In der als repräsentativ zu bezeichnenden Studie wurden institutionelle Immobilieninvestoren unter anderem nach der Möglichkeit befragt, die aus einer Investition in Gewerbeimmobilien resultierenden Zahlungsströme zu prognostizieren. Konkret sollten die Befragten einschätzen, wie groß voraussichtlich die Abweichungen der realisierten von den geplanten Beträgen in einer zehnjährigen Finanzplanung sein werden. Die Abb. 3.1 veranschaulicht die durchschnittliche Abweichung der erwarteten von den realisierten Zahlungen:

Beispielsweise könnten die Anschaffungs- und Herstellungskosten bei einer Unsicherheit von 35% anstatt 10 Mio. € mit ebenso hoher Wahrscheinlichkeit

A. Pfnür et al., *Risikomanagement bei Public Private Partnerships*,
DOI 10.1007/978-3-642-01073-6_3, © Springer-Verlag Berlin Heidelberg 2010

Abb. 3.1 Unsicherheit in der Finanzplanung von Immobilieninvestments (Quelle: Pfnür/Armonat (2001))

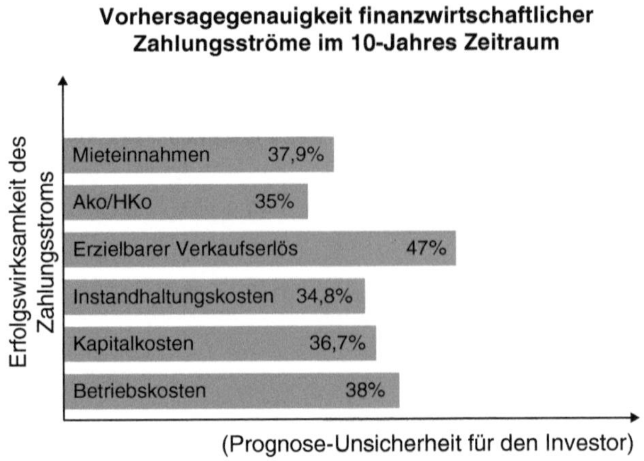

8,25 Mio. € oder auch 11,75 Mio. € betragen. Angesichts der Prognoseunsicherheiten zwischen über 30 und nahezu 50% bei den wichtigsten finanzwirtschaftlichen Erfolgsfaktoren wird das Ausmaß des Risikos von Immobilieninvestitionen auch im öffentlichen Sektor deutlich. Genauso wie in der Privatwirtschaft entstehen hier die den Mieteinnahmen gleichzusetzende Nutzenbewertung, Anschaffungs- und Herstellungskosten, die im Verkaufspreis zum Ausdruck kommende Wertentwicklung, die Instandhaltungskosten, Kapitalkosten sowie Betriebskosten.

Verkürzt sich der Prognosehorizont, nimmt die Unsicherheit im Planungs- und Entscheidungsprozess sukzessive ab, bis sie in der Gegenwart schließlich zur Gewissheit wird. Bei langfristigen Investitionsprojekten begründet sich daraus für die private Immobilienwirtschaft wie auch für die Öffentliche Hand unmittelbar die Notwendigkeit zur laufenden Aktualisierung der Planungen im Rahmen eines Prozess begleitenden Investitionscontrollings.

Weitet man das Betrachtungsspektrum auf ein ganzes Portfolio von Immobilieninvestitionen aus, so nimmt die Unsicherheit mit jedem zusätzlich betrachteten Objekt erfahrungsgemäß ebenfalls ab. Objektspezifische und damit unsystematische Risiken gleichen sich aus. Während in einem Objekt die Instandhaltungskosten deutlich gegenüber dem geplanten Wert liegen, weisen andere Objekte unterplanmäßige Instandhaltungskosten auf. In der Summe gleichen sich Planabweichungen aus. Es treten Risikodiversifikationseffekte auf, auf die im späteren Verlauf dieser Arbeit, insbesondere im Kapitel acht, noch näher eingegangen wird.

Auch wenn entsprechende Untersuchungen bislang nicht flächendeckend vorliegen, ist mit sehr hoher Wahrscheinlichkeit davon auszugehen, dass nahezu alle Beschaffungsvorgänge der öffentlichen Hand mit langfristigem Investitionscharakter vergleichbaren, wenn nicht sogar höheren Unsicherheiten, unterliegen. Im Gegensatz zur Privatwirtschaft hat die Öffentliche Hand allerdings bislang kaum die Mittel entwickelt, die Informationsunsicherheiten zu verringern. Wie die Kapitel fünf und sechs zeigen, sind sowohl die Datengrundlagen, auf deren Basis die Unsicherheiten strukturiert werden könnten, als auch die zur Reduktion der Unsicherheit notwendigen Prognoseinstrumente im Vergleich zur Privatwirtschaft nur schwach entwickelt. Für die Öffentliche Hand besteht bislang weder ein ausreichender Anreiz- noch ein Sanktionsmechanismus.

3.1.2 Höhe des entstandenen Schadens als Risikodeterminante

Die Unsicherheit ist zwar notwendige Bedingung, begründet aber allein noch kein Risiko. Hierzu bedarf es zusätzlich im Falle des Eintritts einer Planungsabweichung eines daraus resultierenden Schadens. Grundsätzlich geht das ökonomische Risikokonzept davon aus, dass jede Planungsabweichung, egal ob nach oben oder unten, zu einer Verschlechterung der Wirtschaftlichkeit führt. Abweichungen nach unten, zum Beispiel in Form von Kostenüberschreitungen, werden naturgemäß stärker gewichtet. Aber auch Abweichungen zum positiven, zum Beispiel in Form von Kostenunterschreitungen, verursachen in ökonomischen Kalkülen Opportunitätskosten, da man beispielsweise die eingeplanten Ressourcen anderweitig sinnvoller hätte einsetzen können. Schäden können in diesem Zusammenhang nicht nur durch Projekte entstehen, sondern auch durch die Unterlassung von Projekten. So kann gerade durch die Unterlassung einer Instandhaltungsinvestition ein erheblicher Folgeschaden entstehen.

Wichtige Einflussgröße bei der Schadensentstehung ist die Flexibilität von Investitionsalternativen. Flexibilität ermöglicht Reaktionen durch Planänderung zur Abwehr von Schäden oder zumindest zur Verringerung der Schadenshöhe. Die Schaffung von Flexibilität ist nicht umsonst. Im Rahmen eines proaktiven Risikomanagements wird deshalb das Kosten-Nutzen-Verhältnis von flexibilitätsschaffenden Maßnahmen geprüft.

3.2 Kritische Analyse des Status quo im Risikomanagement der öffentlichen Verwaltung

Ergebnis des vorausgehenden Abschnitts ist der unmittelbare Zusammenhang zwischen unternehmerischen Konzepten und der Fähigkeit, Risiken zu handhaben. Anreize zum Aufbau eines effektiven Risikomanagements werden nur entwickelt, wenn entsprechende unternehmerische Strukturen vorhanden sind. Wendet man diesen Zusammenhang auf die Öffentliche Hand an, stellt sich zunächst die Frage, ob und gegebenenfalls in welchem Umfang die Öffentliche Hand eine unternehmerische Verantwortung wahrnehmen kann.

3.2.1 Unzureichend wahrgenommene „unternehmerische“ Verantwortung der öffentlichen Hand

Voraussetzung unternehmerischer Tätigkeit sind starke Verfügungsrechte an den Ressourcen. Liegen die Verfügungsrechte (Nutzungsrecht, Fruchtziehungsrecht,

Veränderungsrecht, Veräußerungsrecht) alle bei einer (natürlichen oder juristischen) Person, so kann diese die Verfügungsrechte uneingeschränkt wahrnehmen.

Ein Unternehmer, der die Verfügungsrechte auf sich vereinigt, kann in seinem Unternehmen Wirtschaftlichkeit durchsetzen. Werden dagegen die Verfügungsrechte auf viele Personen verteilt, dann müssen die Rechte der einzelnen Personen aufeinander abgestimmt und gemeinsam wahrgenommen werden. Es sind dann regelmäßig aufwendige Abstimmungsprozesse erforderlich, um zu klaren und konsistenten Handlungsanweisungen zu gelangen. Die Demokratisierung im zwanzigsten Jahrhundert hat die Verfügungsrechte im Vergleich zum neunzehnten Jahrhundert in sehr erheblichem Ausmaß verändert. Die Verfügungsrechte von Kaisern, Königen, Fürsten und anderen Potentaten waren vor jener Zeit grundsätzlich sehr stark und sie hatten ein ureigenes, großes Interesse an einer effizienten und effektiven Verwaltung. Unter den demokratischen Bedingungen sind diese Verfügungsrechte auf alle Bürger verteilt worden. Der einzelne Bürger hat aber nur geringe Möglichkeiten, seine Verfügungsrechte angemessen wahrzunehmen. Stellvertretend verfügt in einer demokratisierten Gesellschaft die Verwaltung über starke Verfügungsrechte und kann mit ihnen im Rahmen gesetzlicher Möglichkeiten ihre Partikularinteressen durchsetzen. Ein effizientes und effektives Risikomanagementsystem hat sich in diesen Strukturen aufgrund fehlender beziehungsweise entgegen gesetzter Anreize in der Verwaltung naturgemäß nicht entwickeln können.

Das in Abb. 3.2 dargestellte Verfügungsrechte-Wettbewerb-Modell geht davon aus, dass neben Verfügungsrechten auch der Wettbewerb eine Determinante der

	Starke Verfügungsrechte	Schwache Verfügungsrechte
Starker Wettbewerb	Fall I Wirtschaftlichkeit durch starke Verfügungsrechte und starken Wettbewerb	Fall II Wirtschaftlichkeit durch starken Wettbewerb
Schwacher Wettbewerb	Fall III Wirtschaftlichkeit durch starke Verfügungsrechte	Fall IV Durch schwache Verfügungsrechte bei den Eigentümern und schwachen Wettbewerb gefährdete Wirtschaftlichkeit

Abb. 3.2 Verfügungsrechte und Wettbewerb als Determinanten der Wirtschaftlichkeit (Quelle: Streitferdt u. Lothar (1985, S. 114))

Wirtschaftlichkeit einer Organisation ist. Je stärker der Wettbewerb, desto größer ist die Notwendigkeit, das Fortbestehen der Organisation durch Wirtschaftlichkeit im Handeln zu sichern.

Für die öffentliche Verwaltung ist generell der Fall IV typisch. Im besonderen Fall der Durchführung öffentlicher Investitionen ist traditionell kein Wettbewerb vorhanden und die Bürger haben nur beschränkte Einwirkungsmöglichkeiten auf den Investitionsprozess.

Die Öffentliche Hand ist somit per se nicht wirtschaftlich, wie es etwa die BHO/LHO in ihren Ausformulierungen postuliert. Vielmehr sind der Wirtschaftlichkeit in demokratischen Strukturen mangels entsprechender Anreize enge Grenzen gesetzt. Im Vergleich mit privatwirtschaftlichen Unternehmen wirken sich diese Unterschiede in Bezug auf das Risikomanagement in einer ganzen Reihe, nachfolgend dargestellter wesentlicher Punkte aus.

3.2.2 Zu kurzer Planungshorizont des öffentlichen Haushalts

Große öffentliche Investitionsprojekte kennzeichnen sich in der Regel durch eine lange Laufzeit, die nicht selten 25 Jahre übersteigt. Eine umfassende Planung setzt voraus, die Investitions- samt ihrer Folgekosten im Rechnungswesen zu veranschlagen. Das kamerale öffentliche Rechnungswesen stellt hierzu das Instrument der Verpflichtungsermächtigungen bereit. Verpflichtungsermächtigungen ermöglichen die Berücksichtigung zukünftiger Belastungen des Haushalts beispielsweise durch zeitlich verteilt anfallende Investitions- oder Betriebsauszahlungen. Allerdings ist der längste Planungshorizont zur Berücksichtigung von zukünftigen finanziellen Verpflichtungen die mittelfristige Finanzplanung, deren Planungshorizont fünf Jahre beträgt. Diese Perspektive ist zu kurz, um die lang laufenden öffentlichen Investitionen in ihren finanziellen Wirkungen über ihren gesamten Lebenszyklus abzubilden. Investitionsfolgekosten bleiben deshalb im Haushalt der öffentlichen Hand weitgehend unberücksichtigt.

3.2.3 Keine explizite Verpflichtung zur Installation eines Risikomanagements

Zur Sicherung der finanziellen Stabilität der Wirtschaftssysteme sind in den letzten Jahren Unternehmen zur Einrichtung eines Risikomanagementsystems verpflichtet worden. Beispielsweise wurde in Deutschland das Gesetz zur Kontrolle und Nachverfolgung unternehmensbedrohender Risiken (KonTraG) und in den USA der Sarbanes Oaxley Act (SOA) eingeführt. Das privatwirtschaftliche Risikomanagement hat in der Folge enorme Entwicklungssprünge gemacht. Anders als die Unternehmen unterliegt die öffentliche Verwaltung in Deutschland nicht dem KonTraG. Folglich sind auch die Fortschritte im Risikomanagement vergleichsweise gering ausgefallen. Während in den letzten zehn Jahren eine große Anzahl an Veröffentlichungen zum Risikomanagement im Unternehmenssektor zu verzeichnen war, fand die Auseinandersetzung mit dem Thema Risikomanagement in der öffentlichen Verwaltung bislang weder in der Theorie noch in der Praxis in nennenswertem Umfang statt.

3.2.4 Selbstversicherungsprinzip

Grundsätzlich gilt in der Öffentlichen Hand das Selbstversicherungsprinzip. Es wird davon ausgegangen, dass die Öffentliche Hand die Risiken aufgrund ihrer Größe und Struktur besser selber tragen kann, als sich zu versichern oder per Risikotransfer auf einem anderen entgeltlichen Weg an Dritte zu übertragen. Die Risikotragung nach dem Selbstversicherungsprinzip ist prinzipiell dann die geeignete Strategie des Risikomanagements, wenn die Institution die Risiken selbst am besten diversifizieren und steuern kann. Wie die Beispiele Kraftfahrzeugversicherung und Altersvorsorge bei Beamten deutlich machen, steigt die Effizienz von Selbstversicherungssystemen mit zunehmender Fallzahl kontinuierlich an. Der öffentliche Sektor zerfällt durch die föderale Struktur und deren weitere kommunale Untergliederung in zahlreiche mehr oder weniger eigenständig agierende und entsprechend Risiko tragende Institutionen. Diese Gliederung erschwert die Prinzipien der Selbstversicherung. Als Problemlösung sind deshalb Pools, wie der kommunale Schadensausgleich (KSA), ins Leben gerufen worden, die nach dem Kostenerstattungsprinzip Versicherungsnehmer und Schadensfälle bündeln.

Das Selbstversicherungsprinzip gilt im Allgemeinen und grundsätzlich auch im Bereich öffentlicher Investitionen. Werden diese allerdings von den Kommunen getätigt, ist fraglich, ob diese nach Größe und Struktur noch die idealen Voraussetzungen der Strategie der Risikotragung aufweisen. Vertiefte Überlegungen zum Schadenausgleich durch Kumulation von Fallzahlen werden im Kapitel acht noch folgen. Generell bleibt festzuhalten, dass das Selbstversicherungsprinzip der öffentlichen Hand dazu geführt hat, dass Erfahrungen im Umgang mit alternativen Risikomanagementstrategien (z. B. versichern, verkaufen, vermeiden) im öffentlichen Sektor weitgehend fehlen.

3.2.5 Realisationsprinzip im öffentlichen Rechnungswesen wichtiger als Vorsichtsprinzip

Mit ihrem Rechnungswesen verfolgen Institutionen die konkurrierenden Ziele des Gläubigerschutzes und der Bilanzwahrheit. Je nach institutionellem Hintergrund gewinnt mal das eine und mal das andere Ziel die Oberhand. Während in den für Unternehmen geltenden Bewertungsvorschriften des handelsrechtlichen Rechnungswesens der Bundesrepublik Deutschland (§§ 252–256 HGB) der Gläubigerschutz ein wichtiges Ziel ist, welches in das allgemeine Bewertungsprinzip der Vorsicht (§ 252 Abs. 1 Nr. 4 HGB) mündet, ist dieses Ziel im öffentlichen

Rechnungswesen aufgrund der rechtlichen Stellung der Gebietskörperschaften nur von untergeordneter Bedeutung. Stattdessen kann das Ziel der Bilanzwahrheit, also einer realitätsnahen Abbildung der wirtschaftlichen Verhältnisse, im öffentlichen Rechnungswesen ohne die Einschränkungen des ausgeprägten Vorsichtsprinzips verfolgt werden. Von herausragender Bedeutung für das öffentliche Rechnungswesen ist nach Ansicht von Buschor u. Lüder deshalb dieses auch als Realisationsprinzip bezeichnete Prinzip, welches eine willkürfreie und intersubjektiv nachprüfbare Bewertung sicher stellt.[1]

Eingegangene Risiken sind qua Definition die Unsicherheit ökonomischer Werte und damit gerade nicht realisierte sondern rein kalkulatorische Größen. Folglich werden die Risiken im öffentlichen Rechnungswesen nicht ausgewiesen. Dementgegen ist im privaten Rechnungswesen, welches dem Gläubigerschutz und dem Vorsichtsprinzip folgt, der Ausweis von Risiken verpflichtend. Geht man davon aus, dass ökonomische Entscheidungen nach dem im Rechnungswesen ausgewiesenen Erfolg getroffen werden, finden Risiken somit im Management öffentlicher Institutionen per se geringere Beachtung als in der Privatwirtschaft.

3.2.6 Risikoerfassung im zahlungsorientierten kameralen Rechnungswesen

Das kamerale Rechnungswesen der öffentlichen Hand ist, dem Realisationsprinzip folgend, strikt zahlungsorientiert. Die Möglichkeiten der Zuordnung von Risiken mittels Eventualverbindlichkeiten (Rückstellungen) zu der Periode, in der sie eingegangen worden sind, sind nicht gegeben. Stattdessen werden die Schadenbeseitigungskosten zu den jeweiligen Fälligkeiten bilanziert. Beschafft die Öffentliche Hand beispielsweise eine Immobilie, deren Betriebskosten sehr unsicher sind, wird das Kostensteigerungsrisiko weder zum Anschaffungszeitpunkt noch im Zeitraum des Betriebs veranschlagt. Das Risiko zeigt sich im Rechnungswesen erst in späteren Perioden, wenn die Mehrkosten anfallen. Anders als in privaten Unternehmen besteht bei der öffentlichen Hand nicht die Notwendigkeit der Unterlegung eingegangener Risiken mit Risikokapital.

Ein entscheidungsorientiertes internes Rechnungswesen im Sinne einer Kosten- und Leistungsrechnung hat in der öffentlichen Hand keine Tradition. Zwar sind nach § 7 Abs. 3 der Haushaltsordnung des Bundes und der meisten Länder für geeignete Bereiche Kosten- und Leistungsrechnungen einzuführen, eine flächendeckende Bewertung von kalkulatorischen Wagnissen, wie Risiken in der Sprache des Rechnungswesens genannt werden, ist aber noch nicht erfolgt. So werden in vielen Bereichen kalkulatorische Mieten für eigen genutzte Immobilien und kalkulatorische Zinsen für das zur Verfügung gestellte Kapital in Ansatz gebracht, die Berücksichtigung kalkulatorischer Wagnisse wird bislang aber vernachlässigt.

[1] Vgl. Buschor u. Lüder (1994, S. 168).

3.2.7 Wesen des Risikomanagements im öffentlichen Sektor

Zusammenfassend bleibt festzuhalten, dass das Risikomanagement der öffentlichen Hand aufgrund der institutionellen Rahmenbedingungen sehr stark reaktiv im Sinne einer Schadensabwehr ausgestaltet ist. Verantwortlich dafür sind die kurzfristige Orientierung des öffentlichen Rechnungswesens und dessen Realisationsprinzip. Erschwerend hinzu kommen die auf Legislaturperioden ausgerichteten in der Regel kurz- bis mittelfristigen Erfolgszwänge von Politik und Verwaltung, denen gegenüber eine adäquate Risikovorsorge zumeist kontraproduktiv wirkt.

Ein proaktives Risikomanagement beispielsweise im Sinne von Vermeidungs- und Bewältigungsstrategien ist mit Aufwand verbunden, denen aus der Akteursperspektive kein angemessener Nutzen gegenüber steht. Den Entscheidungsträger in den Verwaltungen fehlen die Entscheidungsgrundlagen aus dem Rechnungswesen sowie die entsprechenden Anreize, das Risikomanagement der öffentlichen Verwaltung zu intensivieren.

Lösungskonzepte zur Verbesserung des Risikomanagements der öffentlichen Hand sind angesichts der tiefgreifenden institutionellen Rahmenbedingungen, die für den derzeitigen geringen Entwicklungsstand ursächlich sind, nicht besonders vielfältig. Die Übertragung betriebswirtschaftlicher Instrumente aus dem privaten Sektor scheitert in der Regel schnell aufgrund der schlechten Informationsgrundlagen und grundlegend fehlender Anreize der Akteure. Als möglicher Ausweg bleibt die Verlagerung der Aufgabenerfüllung aus staatlichen Strukturen heraus in den privaten Sektor beispielsweise mittels privatwirtschaftlicher Leistungserbringung unter staatlicher Regulierung (Contracting out), die Umstellung öffentlicher Dienstleister auf privatwirtschaftliche Unternehmensverfassungen (Privatisierung) oder mittels Public Private Partnership.

3.3 Risikomanagement mittels unterschiedlicher Beschaffungsvarianten

3.3.1 Konventionelle Beschaffungsvariante

Unter konventioneller Beschaffung wird im Folgenden die Planung, Durchführung und Kontrolle der Investition in der Verantwortung der Öffentliche Hand selbst verstanden. In der Ausführung wird sich die Öffentliche Hand regelmäßig privatwirtschaftlicher Unternehmen bedienen, die per Gewerke weiser Ausschreibung unabhängig beauftragt werden. Im Vergleich zu PPP fallen dabei die Aufgaben in den unterschiedlichen Lebenszyklusphasen unterschiedlichen Auftragnehmern zu. Nachfolgend soll die Funktionsweise des Risikomanagements anhand eines zu didaktischen Zwecken möglichst einfach gehaltenen Beispiels verdeutlicht werden.

Ausgangspunkt ist die Errichtung und der Betrieb einer öffentlichen Investition, hier einer Schule mit geplanten Investitionskosten von 25 Mio. €. Die weiteren finanzwirtschaftlichen Eckdaten sind in der Tab. 3.1 dargestellt.

Tab. 3.1 Daten für ein Beispiel – Konventionelle Beschaffung

Kostenposition	Geplanter Wert	Realisierter Wert
Investitionskosten	25 Mio.	30 Mio.
Bewirtschaftungskosten p.a.	5 Mio.	5 Mio.; im 7., 9. und 11. Jahr ungeplante Instandsetzungen von jeweils 5 Mio.
Investitionsphase	1 Jahr	1 Jahr
Betriebsphase	12 Jahre	12 Jahre

Quelle: Eigene Darstellung.

Auf die Planung von inflationsbedingten Bewirtschaftungskostensteigerungen wurde der Einfachheit halber verzichtet. Ebenso werden die Planung, Finanzierung, die Kapitalisierungseffekte und die im Rahmen der Verwertung entstehenden Restwerte der Investition hier vernachlässigt. Nachfolgend ist zu klären, wie sich einerseits Investition und Betrieb sowie andererseits die Risiken der Kostensteigerung bei alternativen Beschaffungsvarianten im öffentlichen Haushalt niederschlagen.

Bei der konventionellen Beschaffung werden die Risiken grundsätzlich von der öffentlichen Hand selbst getragen und im Haushalt, wie in Abb. 3.3 dargestellt, zum Zeitpunkt ihres Auftretens als Mehrausgaben verbucht.

Wie im vorausgegangenen Abschnitt bereits erläutert, führen die vermuteten Kostenrisiken in der Bau- und Betriebsphase zu Mehrausgaben in der jeweiligen Haushaltsperiode. Mit Ausnahme der erhöhten Investitionskosten sind die Risiken

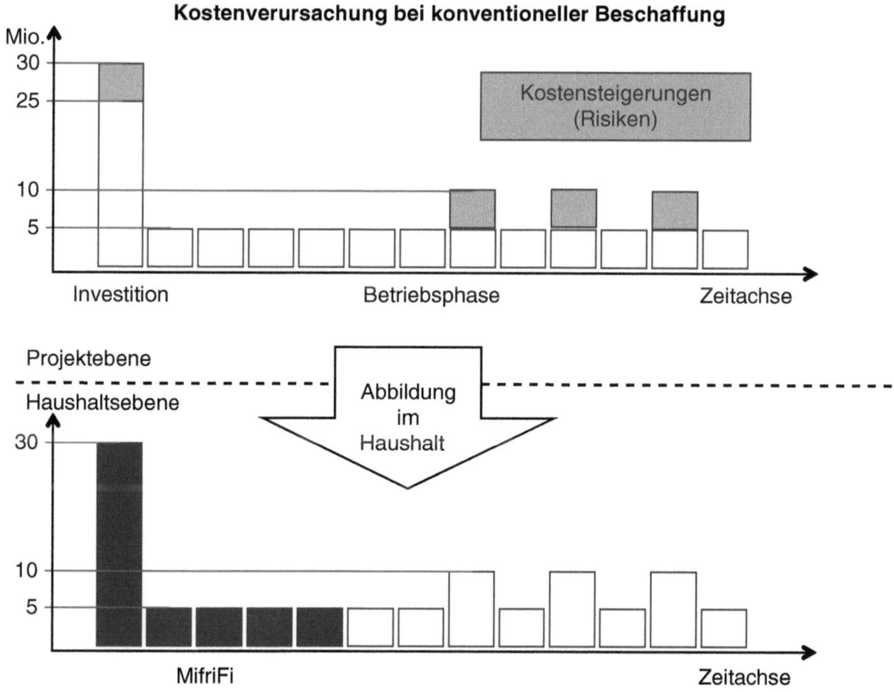

Abb. 3.3 Prinzip-Schaubild der Finanzströme bei konventioneller Beschaffung (Quelle: Eigene Darstellung)

des Projekts im Haushalt nicht erkennbar, da sie jenseits des Planungshorizonts der Mittelfristigen Finanzplanung liegen. Die mit der heute getroffenen Investitionsentscheidung einhergehenden Risiken führen dem Selbstversicherungsprinzip der öffentlichen Hand folgend zu Haushaltsbelastungen in der Zukunft.

3.3.2 Fremdvergabe

Im Rahmen des Outsourcings verfolgt die Öffentliche Hand die Strategie der Fremdvergabe der notwendigen Leistungen. Die nach Ausschreibung beauftragten Unternehmen werden in unserem idealtypischen Beispiel verpflichtet, ihre Leistungen zu einem Festpreis zu erbringen. Aufgrund günstigerer rechtlicher Rahmenbedingungen bei der Beschaffung von Vorleistungen und der Bereitstellung von Personal, spezifischer Fähigkeiten (Economies of scope) sowie Mengendegressionseffekten (Economies of scale) können die Privaten die Leistungen in der Regel günstiger anbieten als die Öffentliche Hand dies selbst könnte. Nach Zuschlag eines Unternehmerlohns ergibt sich in der Regel ein niedrigerer Vergleichspreis. Da die Privaten im Festpreismodell allerdings die Kostenrisiken übernehmen, müssen sie eine entsprechende Risikovorsorge in ihrer Kalkulation treffen. Bedingt durch die kalkulatorischen Risikokosten fallen die Baukosten wie auch die Betriebskosten in diesem Beispiel (siehe Tab. 3.2) leicht höher aus als in der Eigenleistungsvariante. Dies muss nicht immer so sein. Vielfach realisieren Private trotz kalkulatorischer Risikokosten noch Gesamtkostenvorteile.

Die im Planungsstadium noch unerwartete Kostensteigerung kann der öffentlichen Hand vertragsgemäß nicht in Rechnung gestellt werden. Hier ist es Sache der Privaten, die Risiken mittels eines geeigneten Risikomanagements zu handhaben. Ohne eine entsprechende Abwälzung der Risiken werden sowohl das Bauunternehmen als auch der Betreiber im Projekt einen Verlust erleiden.

Im öffentlichen Haushalt werden wie in der Abb. 3.4 dargestellt die jeweiligen Gesamtpreise in Rechnung gestellt.

Im Vergleich zur konventionellen Beschaffungsvariante fallen die erwarteten Haushaltsbelastungen durch Investition und Betrieb leicht höher aus. Dafür halten die privaten Partner die öffentliche Hand von den unerwartet eingetretenen Kostensteigerungen (Risiken) frei. Aus der Perspektive der Mittelfristigen Finanzplanung zum Entscheidungszeitpunkt erscheint die Fremdvergabe auf den ersten Blick teu-

Tab. 3.2 Daten für ein Beispiel – Fremdvergabe

Kostenposition	Geplanter Wert	Realisierter Wert
Selbstkosten Investition	22,50 Mio	30 Mio.
+ Unternehmergewinn	1,25 Mio.	
+ Risikovorsorge	2,50 Mio.	
= Gesamtpreis	**26,25 Mio.**	
Selbstkosten Betrieb p.a.	4,50 Mio.	4,5 Mio.; im 7., 9. und 11. Jahr zusätzlich ungeplante Instandsetzungen von jeweils 4,5 Mio.
+ Unternehmergewinn	0,45 Mio.	
+ Risikovorsorge	0,10 Mio.	
= Gesamtpreis p.a.	**5,05 Mio.**	

Quelle: Eigene Darstellung.

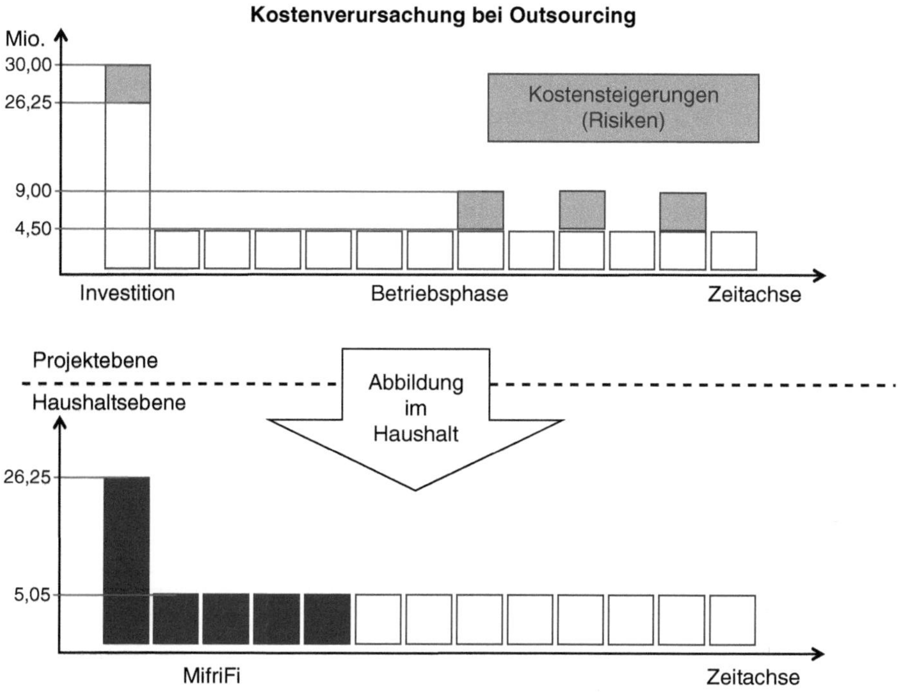

Abb. 3.4 Prinzip-Schaubild der Risikobehandlung beim Outsourcing (Quelle: Eigene Darstellung)

rer als die Selbsterstellungsvariante. Allerdings werden hier Äpfel mit Birnen verglichen, da die Fremdvergabe zusätzlich noch die Absicherung der Risiken im Rahmen der Übernahme beinhaltet. Im Beispiel wird schnell deutlich, dass sich die Absicherung der Kostensteigerungen durch Festpreisregelungen als effizient erweist. Die tatsächlich realisierten Baukosten betragen bei Fremdvergabe 3,75 Mio. € weniger als im Falle der Eigenerstellung. Die Betriebskosten fallen in der Summe mit 60,6 Mio. € ($5{,}05 \times 12$) um 14,4 Mio. € günstiger aus als bei der Eigenerstellung in Höhe von 75 Mio. € ($12 \times 5 + 3 \times 5$).

Aus der Perspektive der Privaten ist es eine Frage des Risikomanagements, ob sie den entstandenen Verlust selbst übernehmen müssen. Oft ist durch eine entsprechende Versicherung oder im Zuge einer Unterbeauftragung von Subunternehmern das Risiko an Dritte weitergereicht. Zur Finanzierung dieser oder anderer Maßnahmen des Risikomanagements steht die kalkulierte Risikovorsorge bereit.

3.3.3 Public Private Partnership

In der PPP Variante wird die Gesamtleistung von privaten Partnern erbracht. Die Öffentliche Hand vergütet die Nutzung der Investition sowie die weiteren Leistungen im Betrieb durch ein vereinbartes Nutzungsentgelt oder gewährt das Recht, ein

Entgelt von den Nutzern zu erheben. Auf die in der Praxis üblichen Preisanpassungsklauseln wird in dem Beispiel der Übersichtlichkeit halber verzichtet.

Die Privaten werden in der Regel höhere Investitionskosten haben als die Öffentliche Hand im Falle der Eigenrealisierung oder im Falle der Fremdvergabe. Begründet werden die höheren Investitionskosten durch spätere Kostenvorteile im Betrieb, die die Investitionskosten überkompensieren. Im Beispiel sind die im PPP eingesetzten kostengünstig zu reinigenden Bodenbeläge in der Anschaffung teurer als die in den übrigen Varianten verwendeten Ausführungen. Entsprechend sind die

Tab. 3.3 Daten für ein Beispiel – PPP

Kostenposition	Geplanter Wert	Realisierter Wert
Selbstkosten Investition	26,25 Mio.	31,25 Mio.
Selbstkosten Betrieb p.a.	4,0 Mio.	4,0 Mio.; im 7. und 9. Jahr zusätzlich ungeplante Instandsetzungen von jeweils 4,0 Mio.
Selbstkosten Betrieb ges.	48,00 Mio.	56,00 Mio.
		87,25 Mio.
+ Unternehmergewinn	7,50 Mio.	
+ Risikovorsorge	2,00 Mio.	
= Gesamtpreis	**83,75 Mio.**	
Jährliches Nutzungsentgelt	6,98 Mio.	

Quelle: Eigene Darstellung.

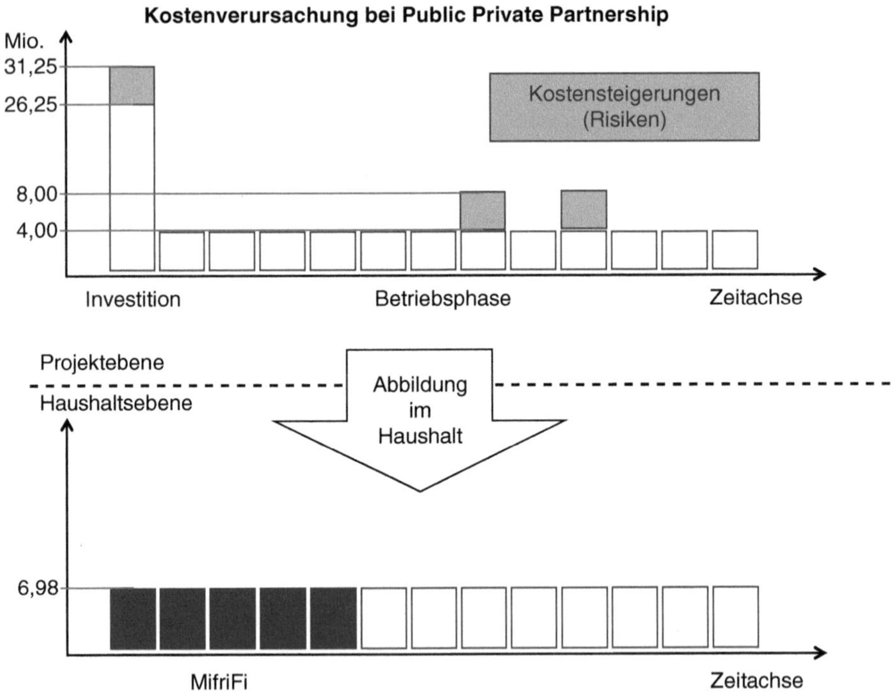

Abb. 3.5 Prinzip-Schaubild der Risikobehandlung bei Public Private Partnerships (Quelle: Eigene Darstellung)

Betriebskosten im PPP mit 4 Mio. dagegen die niedrigsten von allen Beschaffungsvarianten.

Die Möglichkeit zur lebenszyklusintegrierten Investitionsoptimierung der PPP schafft nicht nur im Betrieb sondern ebenso im Risikomanagement erheblich erweiterte Handlungsspielräume. Beispielsweise falle n aufgrund einer solideren Bauweise die ungeplanten Instandsetzungen nur in den Jahren 7 sowie 9 an und der entstehende Aufwand ist entsprechend geringer. Zudem ist in der PPP-Variante eine sorgfältige Verteilung der Risiken zwischen beiden Akteuren erfolgt. Das Risikomanagement im PPP-Prozess bezieht dabei die Möglichkeiten der Risikohandhabung beider Parteien unter Federführung der Privaten mit ein. Risiken können durch das Zusammenwirken potenziell früher erkannt und besser bewältigt werden. Entsprechend fällt auch die Risikovorsorge in der PPP-Variante mit 2,0 Mio. € deutlich geringer aus als in der Fremdvergabe-Variante, wie die Tab. 3.3 zeigt.

Insgesamt schaffen die Möglichkeiten einer lebenszyklusintegrierten Optimierung der Leistungserstellung sowie die erweiterten Handlungsspielräume im Risikomanagement Kostenvorteile zugunsten der PPP-Variante, die sich auch im Haushalt niederschlagen wie Abb. 3.5 zeigt.

3.3.4 Kritische Würdigung der Ergebnisse

Vergleicht man die Gesamtkosten der Beschaffungsvarianten, zeigt sich das in Tab. 3.4 dargestellte Bild.

Insgesamt ist in unserem Beispiel die PPP-Beschaffungsvariante die aus Sicht der Kommune günstigste Beschaffungsvariante. Auffällig ist zugleich ein für dieses exemplarische Beispiel wie die betriebliche Praxis der öffentlichen Investitionsentscheidungen sehr wesentlicher Sachverhalt: Das tatsächlich realisierte Ausmaß des Wirtschaftlichkeitsvorteils der Fremdvergabe und insbesondere auch der PPP-Variante wird in der Planungsperspektive gar nicht in vollem Umfang deutlich. Das Beispiel zeigt, dass unter Vernachlässigung der PPP-Variante auf Basis von Planwerten die Investitionsentscheidung gegenüber der Fremdvergabe sogar zugunsten der konventionellen Beschaffung gefallen wäre. Ein Vergleich der Auswirkungen beider Beschaffungsvarianten auf die Mittelfristige Finanzplanung zum Zeitpunkt der Investitionsentscheidung verstärkt dieses Bild noch. Einer Haushaltsbelastung von 45,0 Mio. € in der konventionellen Beschaffung stehen 46,45 Mio. € in der Fremdvergabe gegenüber. Der relative Kostennachteil der Fremdvergabe gegenüber der konventionellen Variante steigt von 2 auf 3% an. Ursache dieser Divergenz in Planungs- und Istwerten ist die Berücksichtigung von Risikovorsorge in

Tab. 3.4 Haushaltsbelastung unterschiedlicher Beschaffungsvarianten im Vergleich

Beschaffungsvariante	Summe Plan	Summe Ist (Haushaltsbelastung)
Konventionelle Beschaffung	85,00 Mio.	105,00 Mio.
Fremdvergabe	86,85 Mio.	86,85 Mio.
PPP	83,76 Mio.	83,76 Mio.

Quelle: Eigene Darstellung.

den Planungswerten der Fremdvergabe-Variante, wohingegen im Rahmen der konventionellen Beschaffung keine Risikovorsorge in Ansatz gebracht wurde.

Bei der PPP-Variante ist dieser Effekt in derart isolierter Form nicht mehr sichtbar, da hier die Investitionskosten als Bestandteil des Nutzungsentgelts über die Perioden verteilt werden. Gleichwohl zeigt ein Vergleich der Beschaffungsvarianten anhand der Ist-Situation der Haushaltsbelastung, dass hier ein noch stärkerer Hebel durch ein effizientes Risikomanagement entsteht als in der Fremdvergabe-Variante. Das Beispiel zeigt, dass bei einer Vernachlässigung der Risikovorsorge im finanziellen Planungsprozess der öffentlichen Hand Fehlentscheidungen bei Investitionen drohen. Die Verlagerung riskanter Investitionen in den privatwirtschatwirtschaftlichen Sektor machen die wahren Risikokosten transparent. Alternative Beschaffungsvarianten, insbesondere in Form einer PPP, schaffen vielfältige Optimierungspotenziale im Risikomanagement. Von dem entstandenen Effizienzgewinn wird die Öffentliche Hand immer dann in besonderem Maße profitieren, wenn die Privaten im starken Wettbewerb um die Projekte stehen.

3.4 Zwischenergebnis: Systemimmanente Defizite im Risikomanagement der öffentlichen Hand

Risiken haben ihre Ursache in der Unsicherheit betriebswirtschaftlicher Werte. Dabei sind Risiken nicht per se als negativ zu bewerten, sondern sie sind unmittelbar immer auch mit Chancen verbunden, die unternehmerische Optionen eröffnen. Derjenige, der Risiken besser beherrscht, kann daraus einen Wettbewerbsvorteil generieren. Studien machen deutlich, dass die Unsicherheit über die Entwicklung der Zahlungsströme und damit auch das Risiko bei Infrastrukturinvestitionen erheblich sind. Die Ursache der Risiken liegt neben der Planungsunsicherheit auch im erheblichen Verlust bei Eintritt des Schadenfalls, der sich durch den langen Investitionszeitraum und den hohen Investitionsbetrag ergeben kann. Der Eintritt des in den Planungen erwarteten Falls stellt eher die Ausnahme, denn die Regel dar. Die Wirtschaftlichkeit von Infrastrukturprojekten hängt deshalb in mindestens eben so hohem Maß von einem effektiven Umgang mit den Risiken wie von niedrigen Projektkosten im wahrscheinlichsten Fall ab.

Die Analyse des Entwicklungsstands des Risikomanagements bei öffentlichen Infrastrukturinvestitionen verdeutlicht, dass dieses nur gering ausgeprägt ist. Anders als bei privaten Unternehmen hat es hier in den letzten Jahren kaum Entwicklungsfortschritte gegeben. Zurückzuführen ist dies darauf, dass es keine rechtlichen Verpflichtungen zur Einführung von Risikomanagementsystemen gibt. Der öffentliche Sektor orientiert sich vornehmlich am Selbstversicherungsprinzip als vorherrschendem Paradigma. Dabei wird schnell übersehen, dass Andere die Risiken möglicherweise besser beherrschen und aus der Übertragung der Risiken Effizienzgewinne entstehen können. Operativ behindert das öffentliche Rechnungswesen ein effizientes Risikomanagement. Das hier dominierende Realisationsprinzip führt zur Vernachlässigung kalkulatorischer Wagnisse. Schließlich ist der Planungshorizont im öffentlichen Sektor sowohl von den politischen als auch administrativen Strukturen maximal mittelfristig ausgelegt. Eine systematische langfristige Planung erfolgt de facto nur selten und ist im Umfang sehr begrenzt. Der entscheidende Grund für den geringen Entwicklungsstand des Risikomanagements bei öffentlichen Infrastrukturinvestitionen aber ist die unzureichend wahrgenommene unternehmerische Verantwortung der öffentlichen Hand für das ihr zur Verfügung stehende Kapital. Im öffentlichen Sektor fehlt hier im Vergleich zur Privatwirtschaft die hohe Wettbewerbsintensität und darüber hinaus die Identität von Eigentum und Verfügungsrecht. Summa summarum ist angesichts dieser Hindernisse nicht zu erwarten, dass auf mittlere Sicht große Fortschritte im Risikomanagement von öffentlichen Infrastrukturinvestitionen zu erzielen sind. Der oben dargestellte Fall zeigt exemplarisch, dass durch die Fremdvergabe der Leistungen ein deutlich effektiveres Risikomanagement erfolgen kann. Durch die Nutzung der besseren Rahmenbedingungen des privatwirtschaftlichen Sektors sowie zusätzlicher Ressourcen und Fähigkeiten können die negativen Folgen von Planungsunsicherheiten für den öffentlichen Sektor abgefangen werden. Die Realisierung der Vorteile setzt naturgemäß eine gut geplante und durchgeführte Vergabe der Leistungen voraus. In Deutschland gibt es hier nicht nur positive Beispiele. Zukünftige geht es darum, das grundsätzliche Potenzial des Risikomanagements in der effektiven Einbindung privater Partner besser zu nutzen. Public Private Partnerships weisen bei öffentlichen Infrastrukturinvestitionen konzeptionell regelmäßig Vorteile gegenüber der reinen Fremdvergabe auf.

Literatur und Lesetipps

Zitierte Literatur

Streitferdt, Lothar (1985): Pathologische Muster (Schwachstellenprofile) von Organisationen (Verwaltungsorganisationen). In: Lüder, Klaus (Hrsg.): Betriebswirtschaftliche Organisationstheorie und öffentliche Verwaltung. Speyerer Forschungsberichte Nr. 46, Hochschule für Verwaltungswissenschaften Speyer, S. 101–129.

Buschor, Ernst; Lüder, Klaus (1994): Thesen zur künftigen Gestaltung des öffentlichen Rechnungswesens. In: Lüder, Klaus (Hrsg.): Öffentliches Rechnungswesen 2000, Berlin, S. 161–188.

Ausgewählte weiterführende Literaturempfehlungen

Budäus, Dietrich (2006): Public Private Partnership – Kooperationsbedarfe, Grundkategorien und Entwicklungsperspektiven. In: Budäus, Dietrich (Hrsg.): Kooperationsformen zwischen Staat und Markt. Baden-Baden: Nomos, S. 11–28.

Picot, Arnold (1984): Verfügungsrechte und Wettbewerb als Determinanten der Entwicklung des Verwaltungsbereichs von Organisationen. In: Boettcher, Erik; Herder-Dorneich, Philipp; Schenk, Karl-Ernst (Hrsg.): Jahrbuch für Neue Politische Ökonomie. 3. Band, Tübingen: J.C.B. Mohr (Paul Siebeck), S. 198–222.

Teil II
Der Status Quo

Kapitel 4
Methoden und Instrumente des Risikomanagements bei PPP-Projekten

4.1 Übersicht: Risikomanagement in den Phasen des PPP-Beschaffungsprozesses

Im Folgenden soll in einem ersten Schritt aufgezeigt werden, welche Aufgaben das Risikomanagement erfüllt und wie der Risikomanagementprozess aussieht. Daran anschließend wird erörtert, in welchen Phasen des Beschaffungsprozesses das Risikomanagement zu erfolgen hat. Die Darstellung orientiert sich dabei an den Ausführungen der vorliegenden PPP-Leitfäden des Bundesministeriums für Verkehrs-, Bau- und Wohnungswesen[1] und der Finanzministerkonferenz der Länder.[2]

Von besonderer Bedeutung ist die Bewertung der Risiken im Rahmen von Wirtschaftlichkeitsuntersuchungen in den einzelnen Phasen des Beschaffungsprozesses. In den verschiedenen Wirtschaftlichkeitsuntersuchungen sind darin die mit der jeweiligen Beschaffungsvariante verbundenen kalkulatorischen Risikokosten zu berücksichtigen. Nachfolgend ist zu klären, wie die einzelnen Phasen der Wirtschaftlichkeitsuntersuchungen zu diesem Zweck mit dem Risikomanagement verbunden sind und welche Schnittstellen zwischen den Prozessen existieren.

4.1.1 Der Risikomanagementprozess

Das Risikomanagement hat zum Ziel, die Risikoposition eines Unternehmens im Allgemeinen und im Besonderen die bei PPP-Projekten zu optimieren und die Risiken über die Projektlaufzeit zu beherrschen. Der Risikomanagementprozess setzt sich im Einzelnen aus den vier Phasen Risikoidentifikation und -klassifizierung, Risikobewertung, Risikoallokation und -steuerung, sowie Risikoüberwachung

[1] Vg. BMVBW (2003): Gutachten – PPP im Öffentlichen Hochbau, Band III:Wirtschaftlichkeitsuntersuchungen, Arbeitspapier 5: Risikomanagement. Berlin.

[2] Vgl. Finanzministerkonferenz (2006): Leitfaden „Wirtschaftlichkeitsuntersuchungen bei PPP-Projekten“. o. O.

DOI 10.1007/978-3-642-01073-6_4,

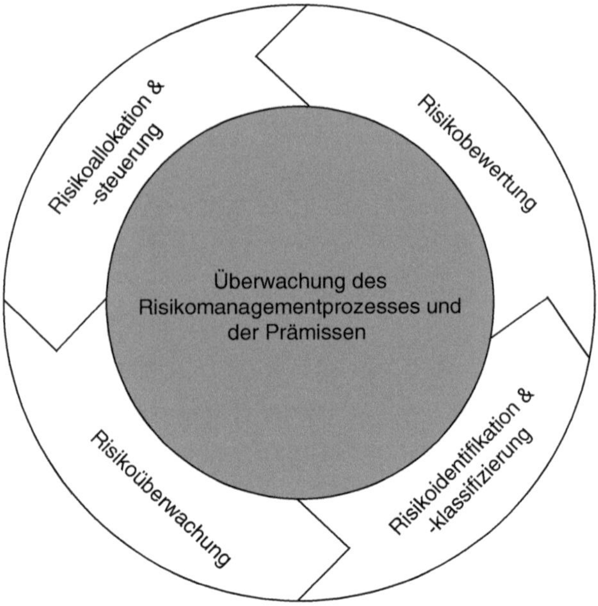

Abb. 4.1 Der Risikomanagementprozess bei PPP-Projekten (Quelle: Eigene Darstellung)

zusammen (siehe Abb. 4.1). Darüber hinaus ist es Aufgabe des Risikocontrollings den Risikomanagementprozess und dessen Prämissen fortlaufend zu überwachen.

Risikomanagement ist ein fortlaufender Prozess, der im Beschaffungsprozess bzw. Lebenszyklus eines Projektes nicht nur einmalig zu durchlaufen ist. Vielmehr ist Risikomanagement durch die dauerhafte Wiederholung des Prozesses während des gesamten Beschaffungsprozesses gekennzeichnet, wobei mit jeder Prozesswiederholung stärker detaillierte und aktualisierte Informationen über die jeweilige Risikosituation zu verarbeiten sind (siehe Abb. 4.2).

Das Thema Risikomanagement bei PPP-Projekten ist bis dato vor allem mit den haushaltsrechtlich vorgesehenen quantitativen Wirtschaftlichkeitsuntersu-

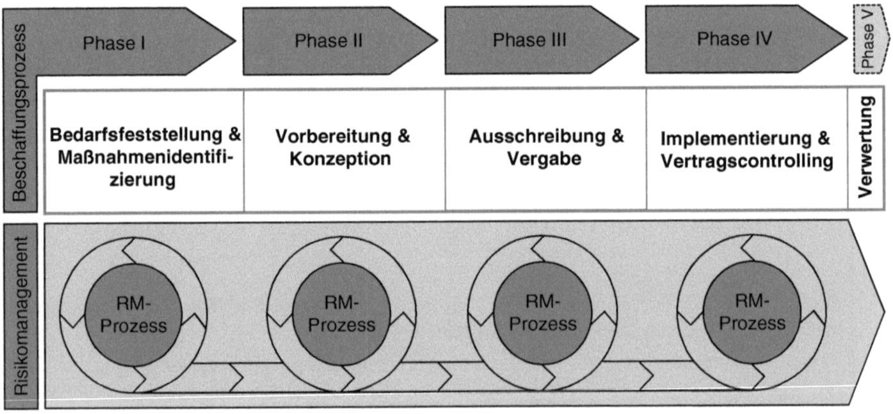

Abb. 4.2 Risikomanagement im PPP-Beschaffungsprozess (Quelle: Eigene Darstellung)

chungen verknüpft, die nach positiv abgeschlossenem Eignungstest am Ende der Phase I und vor Vertragsschluss mit dem privaten Partner am Ende der Phase III durchzuführen sind. In diesen Phasen sind die mit dem Projekt verbundenen Risiken als kalkulatorische Kosten zu berücksichtigen. Nicht zu vergessen ist, dass Risikomanagement auch schon in Phase I wahrzunehmen ist, um möglichst frühzeitig Risiken zu identifizieren, die etwa zu einem Scheitern des Projektes führen könnten.

Nach Zuschlagserteilung am Ende der Phase III ist die Implementierung des Risikomanagements von noch größerer Bedeutung, da die vertraglich fixierte Allokation der Risiken keineswegs statisch ist, sondern sich im Laufe der Betriebsphase dynamisch entwickelt und somit eines Risikomanagements bedarf, welches fortlaufend wahrgenommen werden muss.

4.1.2 Wirtschaftlichkeitsuntersuchungen im PPP-Beschaffungsprozess

Im Rahmen der Bundeshaushaltsordnung, sowie der Landeshaushaltsordnungen, welche beide auf § 6 Abs. 2 des Haushaltsgrundsätzegesetz (HGrG) basieren, ist die Durchführung von „angemessenen" Wirtschaftlichkeitsuntersuchungen für alle finanzwirksamen Maßnahmen vorgesehen. Gezielte Wirtschaftlichkeitsuntersuchungen ergänzen somit auch bei Entscheidungen über PPP-Projekte das finanzwirtschaftliche Informations- und Berichtssystem des öffentlichen Rechnungswesens. Öffentliche Auftraggeber sind zudem den Rechnungshöfen, d. h. somit indirekt dem Steuerzahler, gegenüber zu einem Nachweis der Wirtschaftlichkeit und Sparsamkeit bei PPP-Projekten verpflichtet.

Die Ausgestaltung der geforderten Wirtschaftlichkeitsuntersuchungen und die Wahl der Vergleichsmethodik werden in den Verordnungen allerdings offen gelassen. In der Praxis kommt derzeit überwiegend die im Leitfaden „Wirtschaftlichkeitsuntersuchungen bei PPP-Projekten" der Finanzministerkonferenz (FMK) aus dem Jahre 2006 beschriebene Vorgehensweise und Methodik als Mindeststandard für die Umsetzung von Wirtschaftlichkeitsuntersuchungen von öffentlichen Auftraggebern zur Anwendung. Ergänzungen finden sich in dem vorausgegangenen Leitfaden des Bundesministeriums für Verkehr, Bau und Wohnungswesen (BMVBW).

Wirtschaftlichkeitsuntersuchungen sind, wie in Abb. 4.3 dargestellt, in verschiedenen Phasen des PPP-Beschaffungsprozesses durchzuführen. Es handelt sich somit um einen mehrstufigen Prozess, der mit jeder weiteren Stufe die verbesserte Informationslage hinsichtlich der prognostizierten Kosten- und Erlösstruktur berücksichtigt, um im Endeffekt die wirtschaftlichste Realisierungsvariante zu ermitteln. Dabei ist für jede der Realisierungsvarianten die gesamte Kosten- und Erlösstruktur in einem vollständigen Finanzplan abzubilden. Neben den pagatorischen Kosten, die für Planung, Bauausführung, Finanzierung, Betrieb und Bauunterhaltung anfallen, sind hierbei auch die kalkulatorischen Kosten für Wagnisse zu berücksichtigen. Für beide Beschaffungsalternativen (konventionelle Variante oder PPP-Variante) ist somit ein auf kalkulatorischen Kosten beruhender Zahlungsstrom zu ermitteln, der

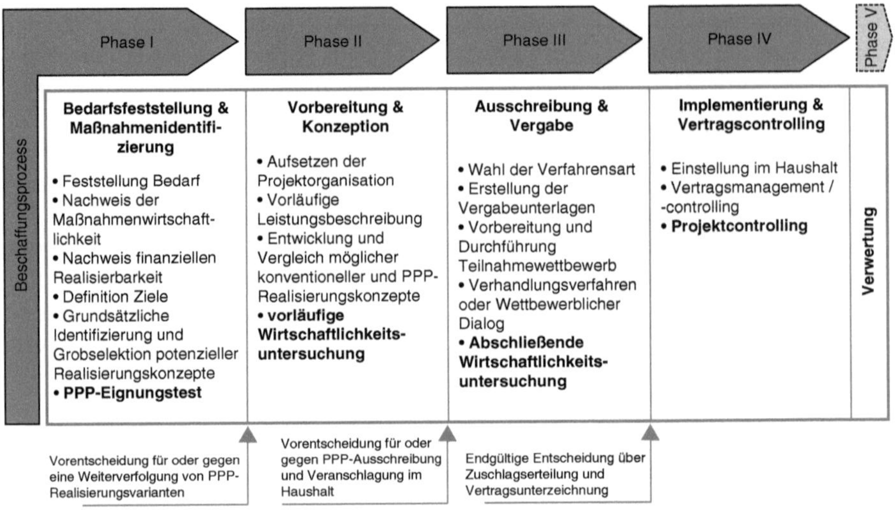

Abb. 4.3 Wirtschaftlichkeitsuntersuchungen im PPP-Beschaffungsprozess (Quelle: In Anlehnung an Finanzministerkonferenz (2006, S. 7) und BMVBW (2003a, S. 11))

die individuelle Risikoposition aus Sicht des Maßnahmenträgers verdeutlicht, die mit der Realisierungsvariante einhergeht.

Der PPP-Beschaffungsprozess gliedert sich im Wesentlichen in vier Phasen. In *Phase I* erfolgt die Feststellung der Bedarfe und die Prüfung der Finanzierbarkeit sowie der Maßnahmenwirtschaftlichkeit. Zum Abschluss dieser Phase erfolgt die erste Stufe der Wirtschaftlichkeitsuntersuchung – der „PPP-Eignungstest". Dieser basiert auf qualitativen Bewertungskriterien und hat zum Ziel etwaige Dealbreaker, wie beispielsweise politische, haushalterische oder strukturelle Hindernisse zu identifizieren, die einer PPP-Realisierung im Wege stehen.

Zum Abschluss der *Phase II* ist die Entscheidung für oder gegen eine Realisierung als PPP-Variante zu treffen und bei positiver Entscheidung die Obergrenze für die Veranschlagung im Haushalt zu benennen. Dazu ist eine vorläufige Wirtschaftlichkeitsuntersuchung durchzuführen, die einer möglichen PPP-Variante den Vergleichswert der konventionellen Erstellung – den Public Sector Comparator (PSC) – gegenüberstellt. Im Zuge dessen sind für beide Realisierungsalternativen Kosten und Erlöse gegenüberzustellen. In einigen anderen Ausführungen wird die Wirtschaftlichkeitsuntersuchung in dieser Phase auch als Beschaffungsvariantenvergleich bezeichnet.

Phase III umfasst die abschließende Wirtschaftlichkeitsuntersuchung am Ende der Ausschreibungs- und Vergabephase, bei der dem vorliegenden endverhandelten PPP-Angebot der an die Beschaffungswirklichkeit angepasste PSC gegenüberzustellen ist. Mit der abschließenden Wirtschaftlichkeitsuntersuchung wird bei Effizienzvorteilen des PPP-Angebotes der Zuschlag für den privaten Partner erteilt. In dieser Phase wird die Wirtschaftlichkeitsuntersuchung auch als Wirtschaftlichkeitsnachweis bezeichnet.

Entgegen den Phasen I bis III werden für die *Phase IV – Implementierung und Vertragscontrolling* – in den oben genannten Leitfäden keine detaillierten Ausgestaltungshinweise gegeben. Es wird ausschließlich darauf verwiesen, dass in der betreffenden Phase Wirtschaftlichkeitsuntersuchungen im Rahmen des Projektcontrollings fortzuführen sind. Mit diesen sollen Zielabweichungen so früh als möglich erkannt werden, um bei etwaigen Problemen Gegenmaßnahmen ergreifen zu können. Insofern sind die Wirtschaftlichkeitsuntersuchungen in der Betriebsphase dauerhaft durchzuführen und enden erst mit Abschluss des Projektes.

4.1.3 Schnittstellen zwischen Risikomanagementprozess und Wirtschaftlichkeitsuntersuchungen

Risiken stellen Unsicherheiten über zukünftige Entwicklungen dar. Somit liegt es in der Natur der Sache, dass nicht alle Risiken zu Beginn eines Projektes bekannt oder überhaupt existent sind, sodass sich das Risikomanagement über die gesamte Projektlaufzeit zu erstrecken hat. Der Prozess des Risikomanagements ist über die gesamte Projektlaufzeit zu wiederholen. Mit der dynamischen Entwicklung des Projektes ist auch die Ausgestaltung des Risikomanagementprozesses in den verschiedenen Phasen des Beschaffungsprozesses an die sich ändernde Informationslage anzupassen. Infolgedessen wächst auch die Präzision des Outputs mit dem immer detaillierteren Informations-Input.

Im Ergebnis liefert der Risikomanagementprozess in den verschiedenen Phasen des Beschaffungsprozesses unterschiedliche, dem Projektfortschritt angepasste Informationen über die Risikosituation, welche in den Wirtschaftlichkeitsuntersuchungen zu berücksichtigen sind. Der Risikomanagementprozess läuft somit als Parallelprozess zum Prozess der Wirtschaftlichkeitsuntersuchungen ab und liefert eine Informations- bzw. Datenbasis hinsichtlich der jeweils aktuellen projektspezifischen Risikosituation (siehe Abb. 4.4).

Bei der Durchführung des PPP-Eignungstests in *Phase I* des Beschaffungsprozesses beschränkt sich die Aufgabe des Risikomanagements darauf, mögliche Dealbreaker zu identifizieren und gegebenenfalls angemessene Handlungsalternativen aufzuzeigen. Die monetäre Bewertung der Risiken spielt in diesem Zusammenhang aufgrund der noch recht diffusen Informationslage eine untergeordnete Rolle, wenngleich eine erste grobe Schätzung der Risikokosten erfolgen sollte. Im Rahmen des PPP-Eignungstests werden jedoch nur qualitative Aussagen erwartet.

Ab *Phase II* basieren die Wirtschaftlichkeitsuntersuchungen auf quantitativen Analysen. Im Rahmen der vorläufigen Wirtschaftlichkeitsuntersuchung ist dabei dem PSC der bis dahin fiktive Vergleichswert einer PPP-Realisierungsvariante, der Private Bid Comparator (PBC), gegenüberzustellen. Ziel ist es, die wirtschaftlichere Realisierungsvariante zu ermitteln, um entscheiden zu können, ob in der Folge eine PPP-Realisierung weiter verfolgt werden soll. Das Risikomanagement bzw. -controlling hat infolgedessen neben einer ersten, von der Öffentlichen Hand in Koopera-

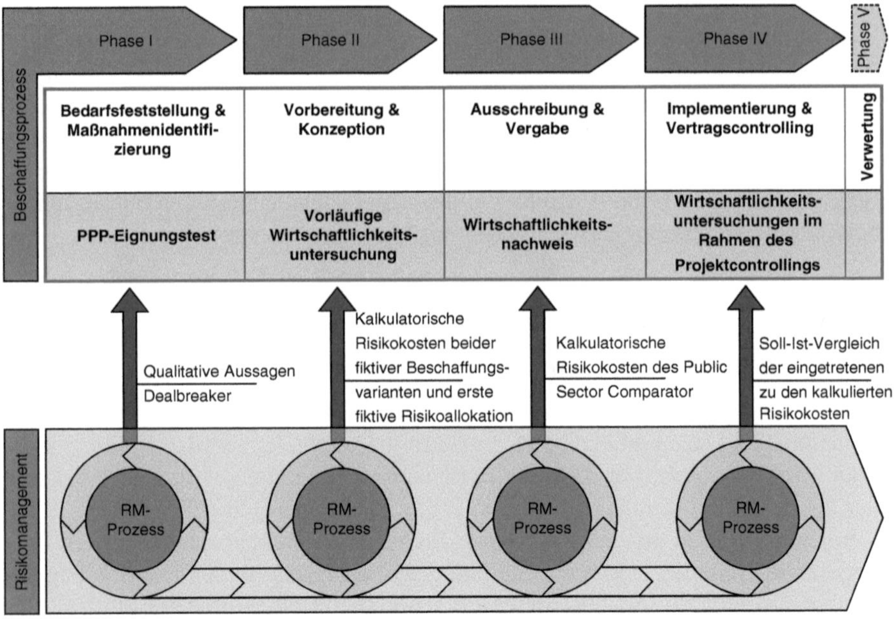

Abb. 4.4 Risikomanagementprozess und Wirtschaftlichkeitsuntersuchungen (Quelle: Eigene Darstellung)

tion mit ihren Beratern entwickelten Risikoallokation, die Aufgabe kalkulatorische Risikokosten bereitzustellen, die für den Maßnahmenträger mit der Realisierung einer der Beschaffungsvarianten einhergehen.

Die abschließende Wirtschaftlichkeitsuntersuchung zum Ende der *Phase III* basiert auf einem Vergleich des vorliegenden PPP-Angebotes mit dem an die Beschaffungswirklichkeit angepassten PSC. Für diesen muss das Risikomanagement die an die aktuelle Situation angepassten kalkulatorischen Risikokosten bereitstellen, um einen realen Vergleichsmaßstab zu erhalten.

In *Phase IV* ist nach Empfehlung der Leitfäden ein dauerhaftes Projektcontrolling durchzuführen. An dieser Stelle bleiben die vorliegenden Leitfäden allerdings detailliertere Ausführungen schuldig, wie und auf welcher Basis diese durchzuführen sind. Es wird nur darauf hingewiesen, dass ein Vertragscontrolling mit dem Ziel zu erfolgen hat, dass in der Realität auch derjenige die Risiken trägt, der sie per Vertrag übernommen hat. In diesem Zuge sollte das Risikomanagement die eingetretenen Risikokosten für einen Soll-Ist-Vergleich bereitstellen.

An den Ausführungen zum Status quo des Risikomanagements im Beschaffungsprozess und den Schnittstellen zu den Wirtschaftlichkeitsuntersuchungen im Beschaffungsprozess kann in der Schlussfolgerung die anfängliche These gestützt werden, dass sich das Risikomanagement im Status quo nahezu ausschließlich auf die Wirtschaftlichkeitsuntersuchungen vor Vertragsschluss fokussiert. Der Fokus besteht infolgedessen darin, die mit Unsicherheiten behafteten Entscheidungen möglichst gut vorzubereiten. Der Umgang mit den Risiken in der nachvertraglichen Betriebsphase wird bis dato vernachlässigt.

4.2 Risikoidentifikation und -klassifizierung

Die Identifikation und Klassifizierung der Risiken sind der erste Schritt zu einem erfolgreichen Risikomanagement, da nur diejenigen Risiken gemanagt werden können, welche auch identifiziert wurden. Vor allem in Anbetracht der bei der öffentlichen Hand recht gering ausgeprägten Risikosensibilität kommt dieser Prozessphase im Rahmen von PPP-Projekten eine besondere Bedeutung zu. Das Ziel der Risikoidentifikation und -klassifizierung besteht darin, einen umfassenden Überblick über alle projektrelevanten Risiken zu bekommen und diese systematisch in einem Risikokatalog zu erfassen.

4.2.1 Methodik der Risikoidentifikation und -klassifizierung

Zur Identifikation der Risiken ist in erster Linie auf die Erfahrungen und das Know-how aus vergleichbaren Projekten zurückzugreifen. Gerade bei komplexeren Projekten sind zur projektspezifischen Identifikation von Risiken neben Checklisten Workshops mit den Projektverantwortlichen und sachverständigen Dritten unentbehrlich. Bei der Durchführung der Risikoworkshops können verschiedene Kreativitätstechniken wie das Pondering, das Brainstorming oder das Brainwriting zur Anwendung kommen. Im Idealfall ist das Ergebnis die vollständige und dabei möglichst redundanzfreie Identifikation aller Projektrisiken. Eine sorgfältige Risikoidentifikation, insbesondere mit Hilfe von Erfahrungswerten vergangener Projekte kann die Risikoposition eines Projektes deutlich verbessern.

Im nächsten Arbeitsschritt ist zur systematischen Erfassung und zur Erlangung eines strukturierten Überblicks eine Klassifizierung der Risiken vorzunehmen. Die Kategorisierung kann dabei nach der Risikoursache, des zeitlichen Eintretens und der Übertragbarkeit auf einen Partner erfolgen. In der wissenschaftlichen PPP-Literatur sowie den einschlägigen Leitfäden wird eine Kategorisierung nach den Projektphasen präferiert.

4.2.2 Standardisierter Risikokatalog für PPP-Projekte

In den vorliegenden Leitfäden und der wissenschaftlichen Literatur wurden in der Vergangenheit umfangreiche Anstrengungen unternommen, die Schlüsselrisiken eines PPP-Projektes vollständig zu erfassen und systematisch zu strukturieren. In diesem Zusammenhang ist vor allem auf den Risikokatalog des Arbeitskreises „PPP im Management öffentlicher Immobilien" im BPPP e. V. zu verweisen, der die am weitesten entwickelte Systematik beinhaltet und eine Kategorisierung der Risiken hinsichtlich ihres zeitlichen Auftretens vornimmt.[3] Daneben bietet das Arbeitspapier

[3] Arbeitskreis „PPP im Management öffentlicher Immobilien" im BPPP e.V. (2006, S. 3ff.).

5 aus Band III des BMVBW-Leitfadens einen umfassenden Risikokatalog, der allerdings auf eine Kategorisierung der Risiken hinsichtlich der Risikoursache abstellt und daher unübersichtlicher wirkt.[4]

Abbildung 4.5 zeigt den Risikokatalog des Arbeitskreises „PPP im Management öffentlicher Immobilien" im BPPP e. V., der, unabhängig von Finanzierungsform und Vertragsmodell, eine Übersicht über die potenziellen Risiken in den einzelnen Lebenszyklusphasen eines PPP-Projektes gibt. Dabei wird eine übergeordnete Projektperspektive eingenommen, sodass alle das Gesamtprojekt betreffende Risiken unabhängig davon wen sie betreffen im Risikokatalog enthalten sind.

Im Konzept des BPPP e. V. wurden alle Phasen des Projektlebenszyklus betrachtet. Dies unterscheidet das Konzept insofern von allen anderen Konzepten, als dass in den genannten Risikokatalogen ausschließlich die Risiken der Planungs-, Bau- und Betriebsphase sowie das Verwertungsrisiko berücksichtigt sind. In diesem Fall wird allerdings vernachlässigt, dass auf beiden Seiten erhebliche Vorarbeiten geleistet werden, deren Erfolgswirkungen ebenfalls mit beträchtlichen Unsicherheiten behaftet sind. Der oben dargestellte Risikokatalog hingegen berücksichtigt auch die Risiken der Konzeptions- und Kontrahierungsphase.

Aus der Konzeptionsphase soll beispielhaft das politische Risiko aufgrund der hohen Bedeutung dieses Risikos näher erläutert werden. *Politische Risiken* entstehen durch die Unsicherheit über Vorgaben der politisch Verantwortlichen hinsichtlich Zielen, Ergebnissen und Vorgehensweisen des Projektes, welche ohne fundierte Prüfung gesetzt werden. Hier sind u. a. vorweg genommene Entscheidungen, überambitionierte Zeitpläne und unrealistische Zielvorgaben im Hinblick auf monetäre Effekte zu

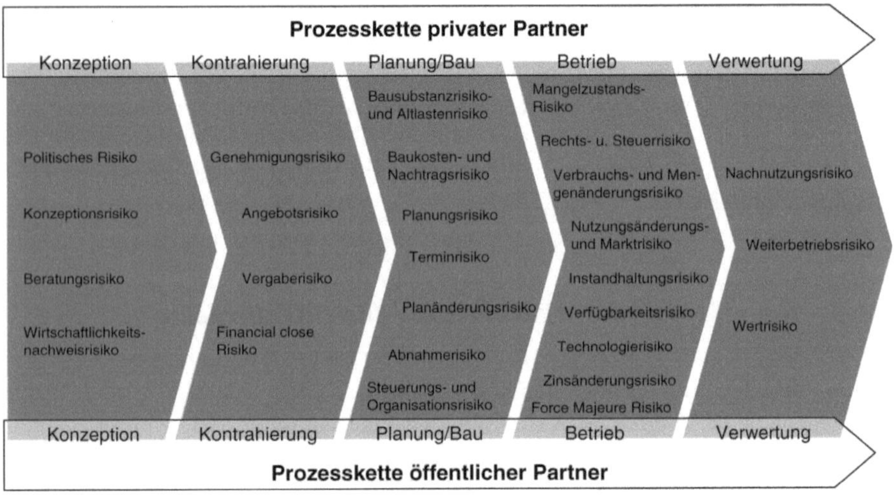

Abb. 4.5 Übersicht der Risiken immobilienwirtschaftlicher PPPs (Quelle: AK „PPP im Management Öffentlicher Immobilien" im BPPP e.V. (2006, S. 4))

[4] BMVBW (2003b, S. 32ff.).

nennen. Außerdem ist zu berücksichtigen, dass PPP-Projekte aufgrund ihrer langen Laufzeit in stärkerem Maße von politischen Ereignissen und Wahlzyklen abhängig sind. Insbesondere die politische Projektunterstützung und/oder politische Sponsoren können sich hierdurch verändern. Weiterhin können fehlende ressortübergreifende Abstimmungen und divergierende Interessen innerhalb der öffentlichen Hand fallweise Probleme darstellen. Alle genannten Ursachen können zu erheblichen Kosten und im schlimmsten Fall zu einem Abbruch des Projektes führen, sodass sie ein erhebliches Risiko darstellen und auf keinen Fall zu unterschlagen sind.

4.3 Risikobewertung

Im Anschluss an die Risikoidentifikation und -klassifizierung sind prinzipiell alle Risiken einer Bewertung zu unterziehen, damit die monetären Auswirkungen für ein Projekt transparent werden. In Anbetracht eines angemessenen Verhältnisses zwischen Aufwand und Nutzen wird jedoch im Leitfaden „Wirtschaftlichkeitsuntersuchungen bei PPP-Projekten" der FMK empfohlen, nicht alle Einzelrisiken zu bewerten, da es auch im Hinblick auf die Wirtschaftlichkeitsuntersuchungen einen unverhältnismäßig hohen Aufwand verursachen und zu einer Scheingenauigkeit der Ergebnisse führen würde. Von der Finanzministerkonferenz wird in diesem Zusammenhang vorgeschlagen, Risiken einer Phase in Risikokategorien zusammenzufassen, um den Aufwand der Bewertung zu verringern. Dabei sind folgende Kategorien vorgesehen:

- Planungsrisiken,
- Baurisiken,
- Finanzierungsrisiken,
- Risiken aus Betrieb, Unterhaltung und Wartung sowie
- Verwertungsrisiken.

Allerdings birgt diese Vorgehensweise die Gefahr, dass beispielsweise durch eine grobe Bewertung der *Kategorie Baurisiken* nicht alle Wirkungszusammenhänge zwischen den in der betreffenden Risikokategorie beinhalteten Einzelrisiken genau analysiert werden. Das Baukostenrisiko kann auf verschiedenen Ursachen, wie beispielsweise einem schlechteren Baugrund oder einem Kostenanstieg aufgrund von Terminüberschreitungen, basieren. Zwischen den genannten Ursachen bestehen zudem Wirkungszusammenhänge in der Form, dass es durch einen schlechteren Baugrund zusätzlich zu Terminrisiken kommt. Insofern kann es durch eine grobe Bewertung der Risiken zu einer Ungenauigkeit der Ergebnisse kommen. Alternativ dazu kann daher in Anlehnung an das *Pareto-Prinzip* die 80:20 Regel angewendet werden. Dabei wird davon ausgegangen, dass 20% der Risiken 80% der wertmäßigen Risikokosten verursachen, sodass aufgrund des Bestrebens ein optimiertes Kosten-Nutzen-Verhältnis zu erreichen zu wollen, nur diese 20% der Risiken genauer untersucht werden. Dadurch ist zumindest gewährleistet, dass auch die Wirkungszusammenhänge nicht verloren gehen.

Grundsätzlich ist im Rahmen der Risikobewertung zwischen quantitativen und qualitativen Verfahren zu unterscheiden. Vor allem in den Frühphasen eines Projektes wird auf qualitative Verfahren der Risikobewertung zurückgegriffen. Aufgrund der Tatsache, dass den Wirtschaftlichkeitsuntersuchungen derzeit eine zentrale Rolle im Beschaffungsprozess eingeräumt wird, nehmen die quantitativen Verfahren allerdings eine übergeordnete Rolle ein, da sie im Ergebnis die kalkulatorischen Risikokosten für einen Wirtschaftlichkeitsvergleich liefern.

4.3.1 Qualitative Verfahren

Die qualitative Analyse der Risiken hat es zum Ziel, gerade bei diffuser Datenlage einen ersten Überblick über die Einflüsse aller Einzelrisiken zu erlangen. Mit der qualitativen Analyse können diejenigen Risiken herausgefiltert werden, die einen großen Einfluss auf das Projekt haben (Stichwort: 80:20-Regel). Diese können im Anschluss einer quantitativen Bewertung unterzogen werden. Insofern wird durch eine Vorfilterung der Risiken durch eine qualitative Analyse auch dem Grundsatz Rechnung getragen, dass im Verhältnis zum Nutzen kein unverhältnismäßig hoher Aufwand der Risikobewertung erzeugt werden sollte.

Zur qualitativen Bewertung der Risiken ist auf Expertenmeinungen zurückzugreifen, die im Rahmen von Risikoworkshops abgefragt werden können. Die qualitative Bewertung der Risiken kann dabei eindimensional oder zweidimensional erfolgen. Bei einer eindimensionalen Bewertung des Risikos wird nur abgefragt, welchen Einfluss bzw. welches Schadenspotenzial ein Risiko aufweist. Dabei stehen die Bewertungsstufen klein, mittel und groß zur Auswahl. Bei einer zweidimensionalen Bewertung, die den derzeitigen Standard darstellt, wird daneben die Eintrittswahrscheinlichkeit ermittelt. Hier stehen die Bewertungsmöglichkeiten gering, mittel und hoch zur Verfügung.

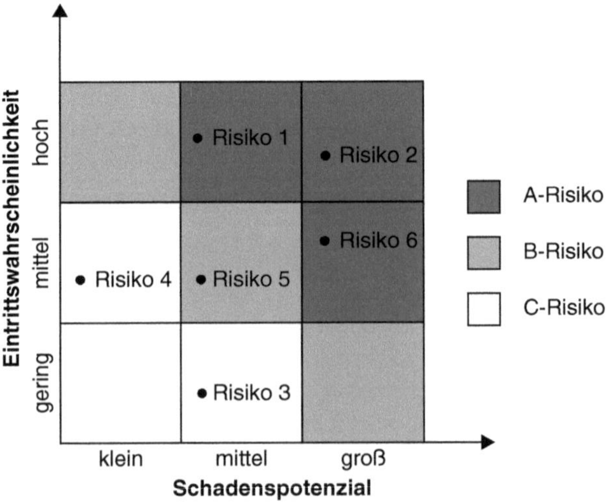

Abb. 4.6 Risk-Map
(Quelle: Eigene Darstellung)

Die so bewerteten Risiken können anschließend in einer Risk-Map (siehe Abb. 4.6) abgebildet und in der Folge einer ABC-Analyse unterzogen werden. Die Risiken werden dabei hinsichtlich ihrer Priorität für das Projekt geordnet. A-Risiken genießen dabei die höchste Priorität und sind in jedem Fall genauer zu untersuchen und quantitativ zu bewerten. B-Risiken sind im Einzelfall genauer zu untersuchen. C-Risiken können bei der weiteren Betrachtung außer Acht gelassen werden.

4.3.2 Quantitative Verfahren

Bei einer Betrachtung der quantitativen Verfahren stehen analytische und marktorientierte Ansätze zur Verfügung. Im Rahmen der analytischen Ansätze werden kalkulatorische Risikokosten durch die Verknüpfung von Eintrittswahrscheinlichkeiten und möglichen Schadenspotenzialen ermittelt. Die Bewertung mittels marktorientierter Ansätze dagegen stellt darauf ab, dass gewisse Risiken versicherbar oder an Kapitalmärkten transferierbar sind, sodass die aufgerufenen Prämien als Bewertungsmaßstab verwendet werden können. Bis dato nehmen die marktorientierten Ansätze in der bundesdeutschen Praxis allerdings nur eine untergeordnete Rolle ein, da der Versicherungsmarkt noch nicht genügend auf PPP-Projekte zugeschnittene Produkte anbietet. Die marktorientierten Ansätze werden daher an dieser Stelle nicht weiter verfolgt.

Bei den gängigen Verfahren der Risikobewertung sind für die unsicherheitsbehafteten Parameter in der Investitionsrechnung Szenarien potenzieller Schadenshöhen bzw. monetärer Konsequenzen eines Risikoeintritts und die damit verbundenen Eintrittswahrscheinlichkeiten zu bestimmen. Im Folgenden soll die Vorgehensweise genauer erläutert werden.

1 Bestimmung möglicher Schadenshöhen

Die Ermittlung der möglichen Schadenshöhen (Ausmaße der Abweichung) kann in absoluten Werten oder als prozentuale Abweichung von einer Bezugsgröße (dem erwarteten Wert) erfolgen, wobei es gängige Praxis ist, die Schadenshöhen über prozentuale Abweichungen zu beziffern. Mögliche Schadenshöhen können je nach Informationslage und Risikocharakteristik in diskreten oder stetigen Verteilungen angegeben werden. Stetige Verteilungen basieren zumeist auf statistischen Werten und berücksichtigen die Verteilung jedes möglichen Schadenspotenzials im gesamten möglichen Wertebereich. In Fällen schlechter Informationslage wird meistens auf diskrete Verteilungen zurückgegriffen, da nur einzelne mögliche Schadenshöhen bekannt sind. Beispielsweise können in diesen Fällen ausschließlich Werte für das wahrscheinlichste, das pessimistischste und das optimistischste Schadenspotenzial angegeben werden. In Tab. 4.1 ist beispielhaft eine diskrete Verteilung möglicher Szenarien der Abweichung von den geplanten Investitionskosten abgebildet. Demzufolge sind Abweichungen von −5% bis +25% in Bezug auf die erwarteten,

Tab. 4.1 Szenarien möglicher Abweichungen von den erwarteten Investitionskosten

Szenario	Abweichung von der Bezugsgröße	Absolute Abweichung in T €
Große Unterschreitung	−5%	−1.250
Geringe Unterschreitung	−3%	−750
Keine Abweichung	0%	0
Geringe Überschreitung	+10%	2.500
Große Überschreitung	+25%	6.250

Quelle: Eigene Darstellung.

kalkulierten Investitionskosten zu erwarten. In Fortführung des genutzten Beispielprojektes, liegen die geplanten Investitionskosten bei 25 Mio. €. In absoluten Größen bedeutet dies, dass die realisierten Investitionskosten zwischen 23,75 Mio. € und 31,25 Mio. € liegen können.

2 Bestimmung der Eintrittswahrscheinlichkeiten

Im folgenden Schritt sind die vorgenannten Szenarien mit Eintrittswahrscheinlichkeiten zu belegen, sodass eine Wahrscheinlichkeitsverteilung für die angegebenen Schadenshöhen resultiert. Bei der Bestimmung der Eintrittswahrscheinlichkeiten ist größtmögliche Sorgfalt an den Tag zu legen, da diese die Analyseendergebnisse erheblich beeinflussen können.

Bei der Bestimmung der Wahrscheinlichkeiten kann neben der Expertenschätzung von Unsicherheiten die Nutzung empirischer Daten erfolgen. Gleichwohl ist zu bedenken, dass die Verwendung statistischen Materials bzw. empirischer Daten einen umfangreichen Datenbestand erfordert, der für PPP-Projekte derzeit nicht vorliegt.

Infolgedessen wird parallel dazu die Durchführung von Expertenbefragungen in Risikoworkshops empfohlen, um subjektive Eintrittswahrscheinlichkeiten für die möglichen Schadenspotenziale ermitteln zu können. Dabei sollte darauf geachtet werden, dass die Experten unabhängig voneinander und möglichst in mehreren Runden befragt werden, damit die Ergebnisse möglichst stabil und belastbar sind.

In der folgenden Tab. 4.2 ist exemplarisch eine diskrete Wahrscheinlichkeitsverteilung für die denkbaren Schadenshöhen dargestellt. Im angegebenen Beispiel betragen die Baukosten somit mit einer 5%igen Wahrscheinlichkeit nur 23,75 Mio. €, mit einer 15%igen Wahrscheinlichkeit allerdings 31,25 Mio. €.

Tab. 4.2 Wahrscheinlichkeiten der Schadensszenarien

Szenario	Abweichung von der Bezugsgröße	Absolute Abweichung in T €	Wahrscheinlichkeit des Szenarios (%)
Große Unterschreitung	−5%	−1.250	5
Geringe Unterschreitung	−3%	−750	10
Keine Abweichung	0%	0	30
Geringe Überschreitung	+10%	2.500	40
Große Überschreitung	+25%	6.250	15

Quelle: Eigene Darstellung.

Tab. 4.3 Ermittlung des Zahlungs- bzw. Sicherheitsäquivalents im Zuschlagverfahren

Szenario	Abweichung von der Bezugsgröße	Absolute Abweichung in T €	Wahrscheinlichkeit des Szenarios	Schadenshöhe in % der Bezugskosten	Schadenshöhe absolut in T €
Große Unterschreitung	−5%	−1.250	5%	−0,25%	−62,5
Geringe Unterschreitung	−3%	−750	10%	−0,30%	75
Keine Abweichung	0%	0	30%	0%	0
Geringe Überschreitung	+10%	2.500	40%	4,00%	1.000
Große Überschreitung	+25%	6.250	15%	3,75%	937,5
Summe			**100%**	**7,20%**	**1.800**

Quelle: Eigene Darstellung.

3 Risikobewertung mit dem Zuschlagverfahren

Zur Bewertung der Risiken auf Basis der ermittelten Schadenshöhen und Eintrittswahrscheinlichkeiten stehen verschiedene analytische Verfahren zur Verfügung. In Deutschland hat sich bis dato aus der Reihe der analytischen Verfahren das Zuschlagverfahren zur Ermittlung von Sicherheits- bzw. Zahlungsäquivalenten gegenüber komplexeren Verfahren wie der Monte-Carlo-Simulation durchgesetzt, obwohl es erhebliche methodische Schwächen aufweist. Im Folgenden soll vorerst das Zuschlagverfahren als Status Quo der derzeitigen Risikobewertung näher erläutert werden.

Das Ziel des Zuschlagverfahrens besteht darin, ein Sicherheits- bzw. Zahlungsäquivalent für jedes Einzelrisiko zu errechnen, welches in der Folge in den Wirtschaftlichkeitsuntersuchungen als Risikozuschlag bzw. Kostenaufschlag oder Risikoprämie einfließt. Die Durchführung der Risikobewertung mittels des Zuschlagverfahrens erfolgt durch Multiplikation der jeweiligen Abweichung mit der damit einhergehenden Wahrscheinlichkeit des Szenarios. Daraus ergeben sich die Schadenshöhen der Szenarien. Durch Summierung der Schadenshöhen erhält man das entsprechende Zahlungsäquivalent. Im angegebenen Beispiel (vergleiche Tab. 4.3) resultiert eine „durchschnittliche" Schadenshöhe von 7,2% Prozent bezogen auf die Bezugsgröße von 25 Mio. €. Absolut entspricht dies einem Sicherheitsäquivalent von 1,8 Mio. €.

4 Zeitliche Berücksichtigung des Sicherheitsäquivalents

Abschließend ist zu analysieren, zu welchem Zeitpunkt ein Risiko auftreten kann, damit das entsprechende Zahlungsäquivalent einmalig (Bspw. Investition) oder aber kontinuierlich in jeder Periode (Bspw. Energiepreisrisiken) im Finanzplan berücksichtigt werden kann. Im vorangegangenen Beispiel wurde von einer Bauzeit von einem Jahr ausgegangen, sodass neben den geplanten Investitionskosten in der Periode 1 im Zahlungsstrom kalkulatorische Risikokosten von 1,8 Mio. € als Sicherheitsäquivalent zu berücksichtigen sind (siehe Abb. 4.7).

Projektperioden	1	2	3	4	
Investitionskosten	**25.000.000 €**	0 €	0 €	0 €	
Bauunterhaltung	0 €	200.000 €	202.000 €	204.000 €	
Ver- und Entsorgung	0 €	100.000 €	101.000€	102.000 €	
Dienstleistungen	0 €	50.000 €	55.000 €	60.000 €	
Transaktions- und Verwaltungskosten	1.500.000 €				
Risikokosten	**1.800.000 €**	50.000 €	55.000 €	80.000 €	
Kosten nominal	28.300.000 €	400.000 €	413.000 €	446.000 €	
Diskontierungsfaktor	1,00	0,94	0,92	0,89	
Kosten real	28.300.000 €	377.038 €	377.954 €	396.265 €	

Abb. 4.7 Beispielhafter Ausschnitt eines Finanzplans (Quelle: Eigene Darstellung)

Zu einer weitergehenden Analyse der Risikosituation wird zudem empfohlen, die Sensitivitäts- und die Szenarioanalyse anzuwenden. Im Gegensatz zur Sensitivitätsanalyse hat sich die Szenariotechnik in der Praxis auch durchgesetzt. Diese soll im Folgenden erläutert werden.

5 Analyse der Risikosituation mittels Szenariotechnik

Im Rahmen der Szenariotechnik werden in der Regel drei Szenarien der unsicherheitsbehafteten Parameter untersucht. Dafür sind vom Anwender verschiedene Szenarien an Eingangswerten zu definieren. Im Rahmen von PPP-Projekten werden meist ausgehend vom „expected-case", ein „best-case" und ein „worst-case" untersucht.

Dazu sind in einem ersten Schritt die zu variierenden Parameter für die zu untersuchenden Szenarien zu definieren. Anschließend sind die mit dem Szenario einhergehenden Ausprägungen der zu variierenden Variablen zu ermitteln. Die so definierten Werte fließen für das jeweilige Szenario in die Investitionsrechnung ein und liefern für genau dieses Szenario eine Ergebnisgröße. Insofern ist es dem Anwender möglich, einen Eindruck davon zu bekommen, wie sich eine Veränderung der Eingangsdaten für ein Szenario auf das Endergebnis der Investitionsentscheidung auswirken kann.

Diese Vorgehensweise soll wiederum am Beispiel aus Abschn. 3.3 erläutert werden. Bei geplanten Investitionskosten von 25 Mio. €, die in einer Bauzeit von einem Jahr realisiert werden, werden weiterhin Bewirtschaftungskosten von 5 Mio. € für die anschließende, 12 Jahre andauernde Betriebsphase geplant. Der Einfachheit und der besseren Interpretierbarkeit der Ergebnisse halber, wird lediglich eine Unsicherheit in der Prognose der Investitionskosten unterstellt und auf eine Abdiskontierung der Ergebnisse verzichtet. Im expected case betragen die Investitionskosten 25 Mio. €,

Tab. 4.4 Beispielhafte Szenarioanalyse

	Best-Case	Expected Case	Worst-Case
Investitionskosten (Variierte Größe)	15,75 Mio. €	25 Mio. €	37,5 Mio. €
Gesamtkosten (Ergebnisgröße)	75,75 Mio. €	85 Mio. €	97,5 Mio. €

Quelle: Eigene Darstellung.

für den „worst-case" werden 37,5 Mio. € und für den Best-Case 15,75 Mio. € prognostiziert. Die Ergebnisse der Szenarioanalyse sind in Tab. 4.4 abgebildet. Diese zeigen, dass aus einem „worst-case" Szenario sogar Gesamtkosten des Projektes von 97,5 Mio. € resultieren können. Wenn sich die Investitionskosten allerdings optimal darstellen lassen, wird das Projekt nur 75,75 Mio. € Kosten verursachen.

Wie das Beispiel veranschaulicht, bietet die Szenariotechnik neben der Anwendung des Zuschlagverfahrens die Möglichkeit, eine Analyse der Risikosituation vornehmen zu können, bei der mögliche Abweichungen vom erwarteten Fall betrachtet werden. Es bleibt allerdings auch mit der Anwendung der Szenariotechnik das Manko bestehen, dass es nicht möglich ist, die Szenarien mit Wahrscheinlichkeiten zu versehen. Es ist nur möglich zu ermitteln, welche Szenarien eintreten könnten.

4.4 Risikoallokation und -steuerung

Die effiziente Verteilung der Risiken bei einer PPP-Realisierung ist ein herausragender Faktor, um Wirtschaftlichkeitsvorteile gegenüber einer konventionellen Realisierung zu generieren, und ist somit eines der wichtigsten Wesensmerkmale von PPP-Projekten.

Die gesamte Prozessphase der Risikobewältigung (Risikoallokation und -steuerung) hat zum Ziel, die kalkulatorischen Risikokosten zu minimieren, die das Projekt belasten. Grundsätzlich ist dies möglich, indem die Wahrscheinlichkeit des Risikoeintrittes oder aber die daraus resultierenden negativen Konsequenzen best-

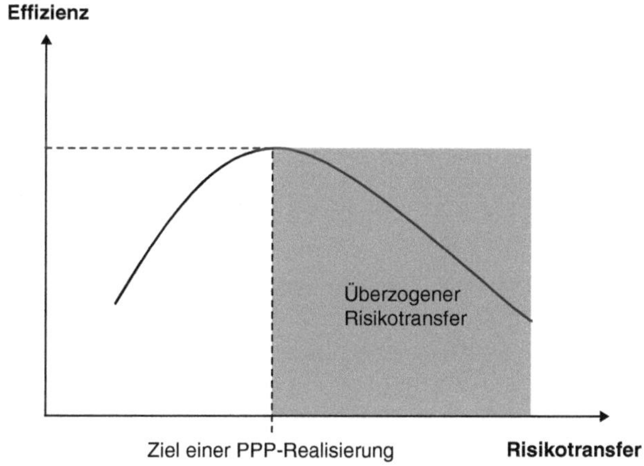

Abb. 4.8 Effizienzpotenziale durch Allokation der Risiken in PPP-Projekten (Quelle: In Anlehnung an BMVBW (2003b, S. 26))

möglich reduziert werden. Insofern sollte im Zuge der Risikoallokation immer dem schon in vorangegangenen Kapiteln zitierten Grundsatz gefolgt werden, dass derjenige Partner, der ein Risiko (bzw. die Schadenshöhe oder die Eintrittswahrscheinlichkeit) am besten aktiv beeinflussen kann, es auch übertragen bekommen sollte. Im Idealfall resultiert aus der Projektperspektive somit eine Situation, die einen deutlichen Effizienzgewinn gegenüber einer konventionellen Realisierung erwarten lässt (siehe Abb. 4.8).

4.4.1 Risikoallokationsprozess im Rahmen des Beschaffungsprozesses

Angestoßen wird der Risikoallokationsprozess prinzipiell schon mit der Wahl des Vertragsmodells und der angestrebten Finanzierungsform in der Konzeptionsphase des Projektes durch die Öffentliche Hand und deren Berater. Beispielsweise wird mit der Wahl des Inhabermodells das Verwertungsrisiko der Öffentlichen Hand zugeordnet, da sie Grundstückseigentümerin bleibt.

Im weiteren Verlauf der Projektvorbereitung wird eine erste Risikoallokation von der Öffentlichen Hand und ihren Beratern fixiert, die Bestandteil der Ausschreibungsunterlagen wird. In den Vertragsverhandlungen zwischen der öffentlichen Hand und den privaten Bietern erfolgt dann eine Fortsetzung des Risikoallokationsprozesses. Im optimalen Fall können so durch die Allokation der Risiken bei jeweils dem Partner mit der entsprechenden Risikomanagementkompetenz erhebliche Effizienzpotenziale gehoben werden.

In derzeitigen PPP-Projekten ist auf Seiten der Öffentlichen Hand die Tendenz zu erkennen, möglichst viele Risiken auf den privaten Partner zu übertragen, da die Risikomanagementkompetenz aus strukturellen und historischen Gründen bei ihr nicht sehr ausgeprägt ist. Es wird dabei fälschlicher Weise davon ausgegangen, die eigene Position dadurch unbegrenzt verbessern zu können, indem möglichst viele Risiken auf den Privaten übertragen werden. Dieses Ansinnen ist im Hinblick auf die sieben Kernelemente von PPP-Projekten allerdings kontraproduktiv, weil es im Ergebnis zu sinkenden Effizienzpotenzialen bzw. zu einem Scheitern des PPP-Projekt führt, wenn der private Partner für von ihm kaum zu kontrollierende Risiken sehr hohe Risikoprämien verlangen oder die Übernahme von überhaupt nicht zu kontrollierenden Risiken ablehnen muss. In der Folge verteuert sich das PPP-Projekt unnötig und es werden Effizienzpotenziale verschenkt oder das Projekt scheitert vollends. Risiken, die von keinem der beiden Partner beherrscht werden können (z. B. Force Majeure Risiken), sollten daher bei der öffentlichen Hand verbleiben. Ansonsten bewegt man sich im rechten Teil der Abb. 4.8.

Weiterhin besteht bei einem derartigen Verhalten der Öffentlichen Hand die Gefahr, dass das sehr wichtige Kernelement des partnerschaftlichen Verhaltens von vorneherein nicht gelebt werden kann, falls der privaten Partner überdimensional viele Risiken zu einer schlechten Risikoprämie im Preiswettbewerb aufgebürdet bekommt. In der Folge besteht die Gefahr, dass der private Partner zu opportunistischen Verhalten neigt und mögliche Lücken im Vertragswerk sucht, um sie beispielsweise für Nachträge zu nutzen.

4.4.2 *Idealtypische Verteilung der Risiken zwischen Öffentlicher Hand und privatem Partner*

Im Rahmen der bisher getätigten Forschungsarbeiten im Bezug auf eine „idealtypische" Verteilung der Risiken bei PPP-Projekten zwischen Öffentlicher Hand und privatem Partner ist auf das Konzept des Bundesverbandes Public Private Partnership e. V. zu verweisen.

Abbildung 4.9 zeigt das Konzept des Arbeitskreises „PPP im Management Öffentlicher Immobilien" im BPPP e. V., in dem eine Teilung der Risiken in der Form angestrebt wurde, dass das Projekt mit möglichst geringen kalkulatorischen Risikokosten belastet wird. Die dargelegte idealtypische Risikoteilung kann aufgrund des breiten Konsenses über das Konzept als exemplarische Risikoteilung für die praktische Projektarbeit herangezogen werden. Gleichwohl müssen von Projekt zu Projekt Anpassungen aufgrund spezifischer Projektsachverhalte vorgenommen werden. So kann es im individuellen Projekt nötig sein Risiken zu teilen. An dieser Stelle sei beispielhaft auf das Verbrauchs- und Mengenänderungsrisiko in der Betriebsphase hingewiesen. Je nach Art des Projektes kann eine Ausdifferenzierung hinsichtlich der Ursache einer Mengenänderung erforderlich werden. Eine Mengenänderung aufgrund veränderten Nutzerverhaltens sollte dabei von der Öffentlichen Hand übernommen werden, da der private Partner nur bedingten Einfluss auf verändertes Nutzerverhalten nehmen kann. Umgekehrt kann der private Partner teilweise Genehmigungsrisiken übernehmen (z. B. die fristgerechte Vorlage einer Genehmigungsplanung) oder bei Vorlage ausreichender Untersuchungen auch teilweise das Altlastenrisiko. Insofern müssen diese Risiken nicht, wie in Abb. 4.9 dargestellt, zwangsläufig ausschließlich auf privater oder öffentlicher Seite verbleiben.

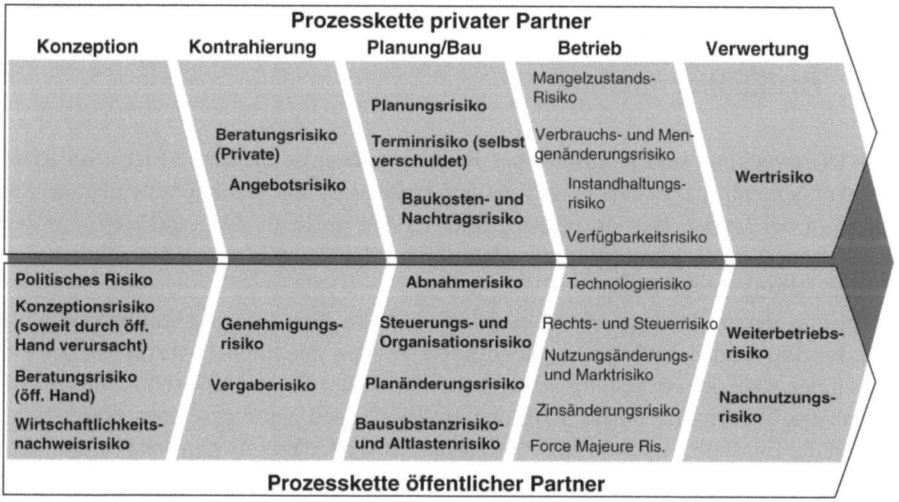

Abb. 4.9 Idealtypische Risikoallokation zwischen Öffentlicher Hand und privatem Partner (Quelle: AK „PPP im Management öffentlicher Immobilien" im BPPP e.V. (2006, S. 25))

4.4.3 Risikosteuerung auf Ebene des privaten Partners

Mit der Allokation der Risiken ist die Prozessphase der Risikobewältigung keinesfalls abgeschlossen. Die allokierten Risiken sind anschließend vom jeweiligen Risikoträger zu steuern. Die Gründung einer Projektgesellschaft stellt aus Sicht der Sponsoren ein wesentliches Element des Risikomanagements dar. Mit dieser wird in Extremsituationen eine Begrenzung des Risikokapitals vorgenommen. Der eigens gegründeten Projektgesellschaft stehen zur Risikosteuerung verschiedene Möglichkeiten zur Verfügung: Die Risiken können auf Nachunternehmer übertragen, versichert, vermindert oder selbst getragen werden.

Üblicherweise wird auf Ebene der Projektgesellschaft in erster Linie eine Übertragung der Risiken auf Dritte angestrebt. Risiken, die eine bestimmte Leistung betreffen, wie beispielsweise das Baupreisrisiko, werden normalerweise auf den betreffenden Subunternehmer durchgestellt. In der Regel werden die Subunternehmerverträge daher „back-to-back“ mit dem PPP-Vertrag abgeschlossen. Nicht auf einen der Projektbeteiligten übertragbare Risiken können in vielen Fällen versichert werden. Beispielsweise kann so das Risiko des Untergangs des Objektes durch einen Brand über eine Brandversicherung, gegebenenfalls verbunden mit einer Betriebsunterbrechungsversicherung, abgedeckt werden.

Weder übertragbare noch versicherbare Risiken oder Risikospitzen müssen in der Folge bei der Projektgesellschaft verbleiben. In jedem Fall sollte eine Verminderung des Risikoausmaßes durch aktive Beeinflussung der Eintrittswahrscheinlichkeit oder des potenziellen Schadensausmaßes erfolgen. Beispielsweise kann das Risiko einer Nachunternehmerinsolvenz durch einen strengen Auswahlprozess vermindert werden. Für die selbst zu tragenden Restrisiken muss eine entsprechende finanzielle Risikovorsorge, z. B. auch durch eine angemessene Eigenkapitalausstattung der Projektgesellschaft, getroffen werden.

4.5 Risikoüberwachung

Die Überwachung und Kontrolle der Risikosituation ist die letzte Phase im Risikomanagementprozess. Im Verhältnis zur Bedeutung der Risikoüberwachung vor allem in der langen Betriebsphase gibt es in den vorliegenden Leitfäden und der wissenschaftlichen Literatur keine oder nur wenige Ausführungen hinsichtlich der Ausgestaltung dieser Phase.

In den derzeit vorliegenden Leitfäden wird die Phase der Risikoüberwachung mit der Bau- und Betriebsphase gleichgesetzt. In den inhaltlichen Ausführungen zur Phase der Risikoüberwachung wird im Leitfaden der Finanzministerkonferenz vor allem die Einrichtung eines „Risikocontrolling“ nach Vertragsschluss empfohlen. Durch die Einrichtung des Risikocontrollings wird im Wesentlichen das Projekt- und Vertragscontrollings angestrebt, um sicherzustellen, dass auch derjenige die Kosten des Risikoeintritts trägt, auf den sie laut Vertrag übertragen wurden. Als Basis dafür ist ein umfassendes Berichts- und Dokumentationswesen zu implementieren.

Gleichwohl ist der Risikomanagementprozess und somit die Phase der Risikoüberwachung auch in den Phasen vor Vertragschluss zu durchlaufen. Im Rahmen der Risikoüberwachung ist generell zu eruieren, ob sich Abweichungen hinsichtlich getätigter Annahmen in den vorherigen Phasen des Risikomanagementprozesses ergeben haben. Dies beinhaltet insbesondere eine Kontrolle darüber, ob neue Risiken aufgetreten sind bzw. erkannt wurden oder ob Risiken ihre Relevanz verloren haben und ob sich geänderte Einschätzungen bezüglich möglicher Schadenspotenziale und der damit einhergehenden Eintrittswahrscheinlichkeiten ergeben haben. Nach Abschluss des PPP-Vertrages muss des Weiteren im Rahmen der Risikoüberwachung analysiert werden, ob sich de facto Änderungen hinsichtlich der im ursprünglichen Vertrag fixierten Risikoallokation ergeben haben. Verschieben sich im Laufe des Projektes die Einflussnahmemöglichkeiten eines Partners in Bezug auf ein Risiko, d. h. ändern sich die Risikomanagementfähigkeiten eines Vertragspartners, legt dies eine Reallokation der Risiken nahe. Für das Eintreten derartiger Situationen sollten allerdings schon im Vertrag Regelungen getroffen werden.

Weiterhin sollte eine Überwachung der gewählten Risikoallokations- und Risikosteuerungsmechanismen erfolgen, sodass frühzeitig bemerkt werden kann, ob die vorgesehenen Maßnahmen im operativen Geschäft auch durchgeführt wurden und ob sie den gewünschten Effekt erzielt haben. Neben dieser vergangenheitsorientierten Betrachtung der Risikosituation sollte im Rahmen der Risikoüberwachung unter Beachtung der sich dauernd veränderten Gegebenheiten auch eine Prognose der zukünftigen Risikosituation erfolgen. Nur so kann ein pro-aktives Risikomanagement etwaige Fehlentwicklungen frühzeitig antizipieren. In der Folge sollte der Risikomanagementprozess von neuem angestoßen werden.

In der derzeitigen Projektpraxis ist allerdings keine zukunftsorientierte Betrachtung der Risikosituation zu erkennen. Die Risikokontrolle und -überwachung lediglich als Basis zur Generierung einer Informationsbasis für zukünftige Projekte anzulegen, greift für ein effektives Risikomanagement jedoch zu kurz. Es wird in der derzeitigen Praxis noch häufig der Standpunkt vertreten, dass mit dem Vertrag alle Eventualitäten abgefasst werden können und keine Anpassung der Leistungen und somit auch der Risikoallokation notwendig ist. De facto wird so das Entstehen von Partnerrisiken (aufgrund opportunistischen Verhaltens oder aber durch eine wirtschaftliche Schieflage des Partners) negiert. In der Realität zeigt sich, dass sich Risiken im Projektfortschritt dynamisch entwickeln. Dies verlangt in der Folge einen vorausschauenden flexiblen Umgang mit ihnen.

4.6 Zwischenergebnis: Optimierungsbedarf des Risikomanagements in PPP-Projekten

Das Thema Risikomanagement bei PPP-Projekten ist bis dato in allen Leitfäden, die als Arbeitshilfe für die in der Praxis tätigen Personen gedacht sind, zu kurz gekommen. Einzig der Leitfaden des BMVBW enthält ein eigenes Arbeitspapier zum Thema Risikomanagement. Die inhaltliche Ausarbeitung beschränkt sich allerdings auf einen generellen Überblick und gibt nur bedingt konkrete Gestaltungshinweise. Der Leitfaden der FMK zum Thema Wirtschaftlichkeitsuntersuchungen befasst sich auf knapp drei Seiten mit der Thematik „Risiken“, obwohl diese ein zentrales Element der Wirtschaftlichkeitsuntersuchungen darstellen. Zusammenfassend kann festgestellt werden, dass kein Leitfaden vorliegt, der sich der Thematik in Gänze annimmt und konkrete Ausgestaltungshinweise hinsichtlich der anzuwendenden Methoden und der organisatorischen Einbettung gibt.

Die in den vorangegangenen Kapiteln vorgenommene kritische Betrachtung zum Entwicklungsstand des Risikomanagements bei PPP-Projekten hat folgende Optimierungs- bzw. Entwicklungspotenziale zu Tage gefördert, die einer weiteren Aufarbeitung bedürfen.

4.6.1 Optimierung der Informationsgrundlagen

Als Hauptproblem des Risikomanagements stellt sich die Problematik einer fehlenden Datengrundlage für die Prognose der mit dem jeweiligen Projekt verbundenen Lebenszykluskosten dar. Vor allem die Prognose der Betriebskosten über die lange Nutzungsphase verursacht große Schwierigkeiten, da nur wenige aussagefähige vergangenheitsbezogene Daten vorliegen, auf die eine Prognose aufbauen könnte. Insofern ist die Kalkulation der Kosten der Nutzungsphase mit großen Unsicherheiten behaftet.

Weiterhin fehlen fundierte Informationen zur Bewertung der Risiken. Die Ermittlung von Eintrittswahrscheinlichkeiten zu den definierten Schadensszenarien kann nur auf Basis subjektiver Daten erfolgen. Objektive, aus der Empirie ermittelte Daten, fehlen. Insofern muss detailliert aufgearbeitet werden, welche Anforderungen an eine aussagekräftige Datenbasis bestehen und welche Möglichkeiten derzeit zur Verfügung stehen, die Kalkulation der Kostenpositionen fundierter zu gestalten. Nur so ist es möglich die Investitionsentscheidung auf einer gesicherten Grundlage treffen zu können.

4.6.2 Entwicklungspotenziale der Risikobewertungsmethoden

Die derzeit in der Praxis favorisierte Methode der Risikobewertung, das Zuschlagverfahren, weist methodische Probleme auf. Die Verdichtung der Risikoinformationen auf einen Wert, das Zahlungs- bzw. Sicherheitsäquivalent, wird als große Stärke des Zuschlagverfahrens angeführt. Zugleich stellt diese Stärke allerdings die größte Schwäche des Verfahrens dar. Durch die enorme Verdichtung der Eingangsinformationen auf den Erwartungswert aller für möglich gehaltenen Schadenspotenziale, besteht keine Möglichkeit eine differenzierte Analyse der zu Grunde liegenden Risikosituation zu tätigen. Es ist beispielsweise nicht mehr möglich aus der Ergebnisgröße herauszulesen, wie hoch der Verlust im schlechtesten Falle ausfallen und mit welcher

Wahrscheinlichkeit dieser eintreten könnte. Da ein Projekt von der Öffentlichen Hand in der Regel allerdings nur einmalig umgesetzt wird, sind derart differenzierte Analysen der Risikosituation notwendig. Folglich muss die Vorgehensweise bei der Risikobewertung kritisch analysiert und weiterentwickelt werden, damit stärker detaillierte Informationen aus den Ergebnissen der Risikobewertung generiert werden können.

4.6.3 Entwicklungspotenziale im Risikocontrolling

Bisher gibt es nur sehr rudimentäre Konzepte für ein effektives Risikocontrolling in der langen Betriebsphase. Im derzeitigen Status Quo geht man davon aus, dass die vertraglich fixierte Risikoallokation über die Projektlaufzeit von Bestand bleibt und ausschließlich ein Vertragscontrolling vorgenommen werden muss. Es wird dabei vernachlässigt, dass Risiken einer dynamischen Entwicklung unterworfen sind. Geht man davon aus, dass mit dem Vertragsschluss eine Allokation der Risiken herbeigeführt wurde, die die kalkulatorischen Risikokosten des Projektes auf ein Minimum beschränkt, liegt der Gedanke nahe, dass die Veränderung der Risikosituation in Extremsituationen auch zu einer Anpassung der Risikoallokation führen sollte, damit sich die das Projekt belastenden kalkulatorischen Risiken auch nach Vertragsschluss weiterhin minimal darstellen. Folglich muss für die Betriebsphase ein Risikocontrolling-Instrumentarium entwickelt werden, welches einen laufenden Überblick über die individuelle Risikosituation erzeugt. Dies beinhaltet auch potenzielle Partnerrisiken, die aus der Partnerschaft entstehen. Prinzipiell muss darauf aufbauend eine flexiblere Handhabung der Risiken mit dem Ziel ermöglicht werden, eine kostenoptimale Risikosituation über die gesamte Projektlaufzeit zu gewährleisten.

Literatur und Lesetipps

Zitierte Literatur

Arbeitskreis PPP im Management öffentlicher Immobilien im BPPP e. V. (2006): Risiken immobilienwirtschaftlicher PPPs aus Sicht der beteiligten Akteure, in: Pfnür, Andreas (Hrsg.), Arbeitspapiere zur immobilienwirtschaftlichen Forschung und Praxis, Band Nr. 4. Darmstadt.

BMVBW (2003a): Gutachten – PPP im Öffentlichen Hochbau, Band I: Leitfaden. Berlin.

BMVBW (2003b): Gutachten – PPP im Öffentlichen Hochbau, Band III: Wirtschaftlichkeitsuntersuchungen, Arbeitspapier 5: Risikomanagement. Berlin.

Finanzministerkonferenz (2006): Leitfaden „Wirtschaftlichkeitsuntersuchungen bei PPP-Projekten". o. O.

Ausgewählte weiterführende Literaturempfehlungen

BMVBS (2008): PPP-Handbuch. Leitfaden für Öffentlich-Private Partnerschaften, Bad Homburg.

BMVBW (2003): Gutachten – PPP im Öffentlichen Hochbau, Band I–III. Berlin.

Finanzministerkonferenz (2006): Leitfaden „Wirtschaftlichkeitsuntersuchungen bei PPP-Projekten". o. O.

Weber, Martin; Schäfer, Michael; Hausmann, Friedrich (Hrsg.) (2006): Praxishandbuch Public Private Partnership. München.

Teil III
Optimierungen und Weiterentwicklungen

Kapitel 5
Optimierungspotenziale in den Informationsgrundlagen bei Entscheidungen im PPP-Prozess

Entscheidungen im Investitionsprozess der öffentlichen Hand können generell nur so gut sein, wie die ihnen zu Grunde liegenden Informationsgrundlagen. Wie in der Information und Kommunikation ganz allgemein gilt bei Investitionsentscheidungen im Besonderen das alte IBM Mantra von George Fuechsel „Garbage in, Garbage out“. Begrenzende Faktoren für die Ergebnisqualität von Wirtschaftlichkeitsrechnungen und Risikobewertungen sind einerseits die richtigen Analyseverfahren und andererseits eine hohe Abbildungsgenauigkeit der Realität im Informationsstand. Grundsätzlich muss eine gewisse Symmetrie zwischen Entwicklungsstand der Analyseverfahren und dem betriebenen Analyseaufwand auf der einen Seite und dem Informationsstand auf der anderen Seite herrschen. Der größte Analyseaufwand nützt nichts, wenn er nicht durch einen entsprechend hohen Informationsstand zu rechtfertigen ist und vice versa.

Die Beobachtung der aktuellen Situation bei PPP-Projekten in Deutschland sowie die öffentliche Diskussion in der Fachwelt zeigt eindeutig, dass derzeit der Informationsstand der begrenzende Faktor ist.[1] Im Folgenden ist deshalb zunächst zu klären, welche Informationen im PPP-Prozess vordringlich entscheidungsrelevant sind. Nachfolgend sind die Ursachen zu identifizieren, warum derzeit keine besseren Planungsinformationen vorliegen. Schließlich sind in diesem Kapitel die Konsequenzen aus der Problemanalyse zu ziehen und konkrete Ansatzpunkte zur Optimierung der Informationsgrundlagen im PPP-Prozess abzuleiten.

5.1 Informationsumfang bei Entscheidungen im PPP-Prozess

Das Ziel von Wirtschaftlichkeitsanalysen ist es, Transparenz in Nutzen und Kosten von Beschaffungsprozessen zu bringen. Im Falle von PPPs stehen hinter der Beschaffung langfristige Investitionsentscheidungen von hoher monetärer Bedeutung. Wie im Kap. 4 dargestellt, werden die Nutzen und Kosten der Investition in einer Wirtschaftlichkeitsanalyse gegenübergestellt. Das Herzstück ist die Finanzplanung,

[1] Vgl. Arbeitskreis PPP im Management öffentlicher Immobilien im BPPP e. V. (2007).

DOI 10.1007/978-3-642-01073-6_5, © Springer-Verlag Berlin Heidelberg 2010

in der eine periodengerechte monetäre Bewertung aller Investitionsvorgänge erfolgt, aus der dann im Folgenden mit Hilfe der dynamischen Investitionsrechnung der Barwert für die jeweilige Beschaffungsvariante ermittelt wird. Dabei werden mit der konventionellen und der PPP-Beschaffungsvariante mindestens zwei Realisierungsalternativen verglichen. Im Rahmen der Informationsversorgung sind somit für jede Beschaffungsvariante die Nutzen und Kosten im Rahmen der Finanzplanung monetär und periodengerecht zuzuordnen. In der Praxis werden die einzelnen Daten in einer Tabelle aufgenommen, in deren Spalten die einzelnen Jahre und deren Zeilen die Einzahlungs- und Auszahlungspositionen eingetragen sind.[2]

In der konventionellen Beschaffungsvariante resultieren Einzahlungen immer dann, wenn das Projekt im Betrieb beispielsweise in Form von Mautgebühren, Mieten oder Eintrittsgeldern Umsätze generiert. Auszahlungen resultieren, wie in den Tab. 5.1 und Tab. 5.2 dargestellt, aus folgenden Positionen: der Planung und Durchführung der Investitionsmaßnahme selbst, deren Finanzierung und der laufenden Bewirtschaftung (Betrieb, Instandhaltung, Verwaltung, ggf. Steuern). Dem Projektmanagement stellt sich dabei die Aufgabe, möglichst treffsicher alle Zahlungsströme für die Laufzeit der Investition zu prognostizieren. In der Praxis werden viele Zahlungspositionen für die ersten Perioden exakt ermittelt und dann im Zeitablauf mittels eines Preissteigerungsindexes fortgeschrieben. Insgesamt nimmt der im Projektverlauf immer detaillierter werdende Investitionsbedarf einen erheblichen Umfang ein.

In der PPP-Beschaffungsvariante ist die Informationsbeschaffung vergleichsweise deutlich weniger aufwendig. Hier ist in der Regel das an die Projektgesellschaft zu entrichtende Nutzungsentgelt zu prognostizieren. Neben dem anfänglichen Betrag sind bei entsprechend vereinbarten Preisgleitklauseln die Preisanpassungen der Höhe und dem zeitlichen Anfall nach zu planen. Sollten im Vertragswerk Bonus- oder Malus-Regelungen mit dem privaten Partner vereinbart sein, wären deren erwartete monetäre Konsequenzen ebenfalls zu schätzen. Handelt es sich um ein Betreiberprojekt, in dem die Öffentliche Hand am Ergebnis der Projektgesellschaft partizipiert, so wäre der auf sie entfallende Ergebnisanteil der Höhe und dem zeitlichem Anfall nach zu planen. Regelmäßig fallen mit der Beendigung des Projekts je nach strategischer Projektplanung hohe Zahlungen für die Aufrechterhaltung der Betriebsbetreitschaft (Verlängerung des PPP, Erwerb der Investition etc.) oder aus Veräußerungserlösen der Investition an.

Bislang wurde noch nicht auf die Position der Risikokosten, die in den gegenwärtigen Wirtschaftlichkeitsanalysen eine Rolle spielen, eingegangen. Nach den hier vertretenen und in den nachfolgenden Kapiteln dargelegten näheren Ausführungen sollen damit die Risikokosten nicht unter den Tisch fallen, sondern ganz im Gegenteil einer im Vergleich zum Status quo erheblich intensiveren Behandlung unterzogen werden. Dazu ist ein grundlegendes Umdenken erforderlich, welches die Risiken nicht als Risikokosten in einer Position der Wirtschaftlichkeitsrechnung zusammenfasst, sondern ganz bewusst die Unsicherheit über die Zukunftsplanung

[2] Siehe z. B. die Abb. 4.7 im Abschn. 4.3.

Tab. 5.1 Zu prognostizierende finanzwirtschaftliche Parameter in der konventionellen Beschaffung (vereinfachte, exemplarische Darstellung)

Finanzwirtschaftliche Parameter	Projektphase			
	Planung	Investition	Betrieb	Endschaft
Originäre Zahlungen der Investition				
Auszahlungen für Planung (z. B. für Planungsleistungen nach HOAI)	X			
Auszahlungen für die Investition (Z. B. Baukosten nach DIN 276)		X		
Lfd. Einzahlung (z. B. Maut, Eintrittsgelder, Mieten, Pachten)			X	
Finanzierungszahlungen (z. B. Zinsen, Gebühren und Tilgung)	X	X	X	X
Zahlungen für lfd. Betrieb (z. B. Strom, Wasser, Reinigung)			X	
Zahlungen für lfd. Instandhaltung (z. B. Planung, Inspektion und Instandsetzung)			X	
Zahlungen für Transaktionen und Verwaltung (z. B. Rechnungswesen, Planung, Steuerung und Kontrolle des Prozesses inkl. Externe Beratung)	X	X	X	X
Steuern		X	X	
Weitere Parameter				
Indices für Preissteigerungsraten aller o. a. Positionen	X	X	X	X
Kalkulationszinssätze (Diskontierungsfaktoren)	X	X	X	X

Quelle: Eigene Darstellung.

nach Art und Ausmaß strukturiert, um daraus weitergehende Informationen über das Risikoprofil einer Beschaffungsvariante abzuleiten. Dass der private Partner eine adäquate Vergütung für die ihm übertragenen Risiken erhalten muss, versteht sich von selbst und bleibt hiervon grundsätzlich unbenommen.

Wie in der Vergangenheit bereits in fortschrittlichen Wirtschaftlichkeitsuntersuchungen praktiziert, sind die Risikokosten nicht in einem Betrag zu fassen, sondern ergeben sich aus einer Verteilungsfunktion, die die Schadenshöhen in Bezug zu deren Eintrittswahrscheinlichkeiten setzt. So zeigt die folgende Tab. 5.3 eine Verteilungsfunktion für alternativ eintretende Abweichungen von den geplanten Investitionskosten.

Im Rahmen der Prognose von finanzwirtschaftlichen Positionen im Wirtschaftlichkeitsvergleich werden die Planungsträger sich regelmäßig nicht in der Lage sehen, sich auf einen Wert mit Sicherheit festzulegen. Vielmehr bewegen sich die möglicherweise eintretenden Werte, wie auch in der obigen Tabelle, innerhalb gewisser Bandbreiten, die durchaus erhebliche Streuungen aufweisen können. Die Aufgabe im Rahmen der Informationsaufbereitung als Grundlage von Investitions-

Tab. 5.2 Zu prognostizierende finanzwirtschaftliche Parameter in der PPP-Beschaffung (vereinfachte, exemplarische Darstellung)

Finanzwirtschaftliche Parameter	Projektphase			
	Planung	Investition	Betrieb	Endschaft
Originäre Zahlungen der Investition				
Auszahlungen für Planungsleistungen vor Vergabe (z. B. für Genehmigungsplanungen)	X			
Lfd. Zahlungen aus Ergebnisbeteiligung an Projektgesellschaft			X	X
Zahlungen aus Bonus- und Malusregelungen im Vertragswerk	X	X	X	X
Zahlungen für Transaktionen und Verwaltung (z. B. Rechnungswesen, Planung, Steuerung und Kontrolle des Prozesses inklusive Beratung)	X	X	X	X
Steuern		X	X	
Zahlungen aus der Endschaftsreglung (z. B. Ausübung Kaufoption)				X
Weitere Parameter				
Indices für Preissteigerungsraten aller o. a. Positionen	X	X	X	X
Kalkulationszinssätze (Diskontierungsfaktoren)	X	X	X	X

Quelle: Eigene Darstellung.

entscheidungen besteht in diesem Fall nicht darin, den wahrscheinlichsten Wert herauszufinden, sondern die Unsicherheit durch Angabe alternativer Werte und deren Eintrittswahrscheinlichkeiten zu strukturieren. In Bezug auf das oben angegebene Beispiel macht es für die im folgenden Kapitel zu behandelnde Risikobewertung einen erheblichen Unterschied, ob bekannt ist, dass im gewichteten Durchschnitt eine Kostenüberschreitung von 3.600 T € eintritt oder dass mit 5-prozentiger Wahrscheinlichkeit 2.500 T € günstigere, mit 10-prozentiger Wahrscheinlichkeit 1.500 T € günstigere, mit 30-prozentiger Wahrscheinlichkeit der Planwert erreicht, mit 40-prozentiger Wahrscheinlichkeit 5.000 T € höhere und mit 15-prozentiger Wahrscheinlichkeit 15.000 T € höhere Investitionskosten entstehen.

Tab. 5.3 Wahrscheinlichkeitsverteilung der Abweichung von den geplanten Investitionskosten

Szenario	Absolute Abweichung in T €	Wahrscheinlichkeit des Szenarios
Große Unterschreitung	−2.500	5%
Geringe Unterschreitung	−1.500	10%
Keine Abweichung	0	30%
Geringe Überschreitung	5.000	40%
Große Überschreitung	15.000	15%
Erwartungswert (gewichteter Durchschnitt)	*3.600*	*100%*

Quelle: Eigene Darstellung.

Eine solche Prognose hat ihre Grenzen dort, wo die Gefahr der Scheingenauigkeit droht. Die Angaben der Verteilungsfunktion müssen durch entsprechende argumentativ unterlegte Expertenurteile oder besser noch durch Erfahrungen (z. B. Auswertung bestehender Projekte) belegbar sein. Ist eine Prognose in Form von einer Wahrscheinlichkeitsverteilung unmöglich, so ist in der Konsequenz das Risiko mit betriebswirtschaftlichen Methoden nicht mehr bewertbar.

Prognosen unterliegen naturgemäß immer auch der subjektiven Sichtweise desjenigen, der sie anstellt. Im Rahmen von Investitionsentscheidungen sind dem entgegen Ergebnisse zu erzeugen, die einer internen Gremiendiskussion und einer externen Prüfung durch die Rechnungshöfe standhaltenden. Wo immer möglich sollten deshalb Erfahrungswerte aus Vergleichsprojekten und externe Expertenurteile zur Objektivierung des Informationsstands in den Prognoseprozess eingebettet werden.

Eine derart intensive Prognose muss sich, um den Aufwand in Grenzen zu halten, auf die wichtigsten Einflussgrößen beispielsweise im Sinne der 80:20 Regel[3] beschränken. Die Auswahl der näher zu beleuchtenden unsicherheitsbehafteten Eingangsdaten der Finanzplanung ist grundsätzlich projektspezifisch, wie die folgenden Beispiele verdeutlichen:

- Während in einem Projekt die Finanzierung über einen über die gesamte Projektlaufzeit festen Zinssatz erfolgt, ist in einem anderen Projekt keine oder nur eine befristete Zinsfestschreibung vorgesehen.
- Während bei einem Projekt die Baukosten aufgrund des frühen Planungsstadiums noch recht unsicher sind, sind sie in einem anderen Projekt auf Basis eines sehr reifen Planungsstands und eines stabilen Beschaffungsmarkts möglicher Weise recht präzise prognostizierbar.

Zusammenfassend bleibt festzuhalten, dass ein hinreichend guter Planungsstand in einer sorgfältig aufbereiteten Finanzplanung der Projektalternativen besteht. Dazu gehört insbesondere auch die Schätzung von Verteilungsfunktionen für die wichtigen, der Unsicherheit unterliegenden Eingangsdaten zur nachfolgenden Bewertung des Risikos.

5.2 Hindernisse zu einem besseren Informationsstand als Grundlage von Investitionsentscheidungen

Die Kalkulation der Kostenverursachung und Risikobewertung der konventionellen Beschaffungsvariante erfordert die Bereitstellung von Vergangenheitsdaten des Projektträgers. Eine Analyse der derzeitigen Prozesse vor Infrastrukturinvestitionsentscheidungen im öffentlichen Sektor zeigt an dieser Stelle erhebliche Hürden, die einem besseren Planungsstand und damit auch effektiveren Entscheidungen

[3] In Analogie zur Pareto Regel: Erfahrungsgemäß werden 80% der Unsicherheit durch die wichtigsten 20% unsicherheitsbehafteter Größen verursacht.

im Weg stehen. Nachfolgend sind diese Hürden näher zu untersuchen, um im Anschluss Hinweise für einen Abbau der Hürden zu gewinnen.

5.2.1 Einmaligkeit von Projekten aus der Perspektive der Träger

Die meisten derzeit in Durchführung befindlichen PPP-Projekte sind für die handelnden Institutionen Pilotvorhaben. Das gilt für die in kommunaler Trägerschaft errichteten Rathäuser und Schulen ebenso wie für Justizvollzugsanstalten oder Justizzentren der Länder oder die Fürst Wrede Kaserne auf Bundesebene. Ein Wirtschaftlichkeitsvergleich im Allgemeinen ist ebenso wie die Bewertung des Risikotransfers im Besonderen in diesen Fällen ein Novum. Es bestand bislang kein erkennbarer Nutzen darin, Statistiken über die Lebenszykluskosten öffentlicher Investitionen in der Variante der Eigenerstellung zu führen und folglich ist dies bislang bis auf wenige Ausnahmen auch unterblieben. Beispielsweise fragt man in öffentlichen Institutionen nach belastbaren, auf eigenen Erfahrungen basierenden Werten zu

- Investitionskosten (z. B. Baukosten pro m^2 Verwaltungsgebäude)
- Investitionskostenüberschreitung (z. B. Plan-Ist Abweichung in %)
- Betriebskosten (z. B. pro m^2 NGF oder BGF p. a.)
- Instandhaltungsaufwendungen (z. B. pro m^2 NGF oder BGF p. a.)
- Verwaltungskosten (z. B. pro m^2 NGF oder BGF p. a.)
- Finanzierungskosten (z. B. Zinsen in % p. a.)

sehr oft vergeblich, von einer Angabe in Häufigkeitsverteilungen ganz zu schweigen. Erschwerend kommt hinzu, dass ein Großteil der Projekte von kleinen bis mittleren öffentlichen Institutionen initiiert werden, für die der Bau eines neuen Verwaltungsgebäudes oder eine Sanierung von Schulen in einer Zwanzig-Jahres-Perspektive ein einmaliges Ereignis ist, zu dem für den Bereich der Investitionskosten und der Investitionskostenüberschreitung gar keine Erfahrungen vorliegen können.

Die Nachteile der Einmaligkeit von Projekten können durch den Erfahrungsaustausch von Projektträgern, durch die Einbindung von Wissenstransferstellen wie die PPP Task Forces von Bund und Ländern oder den Bundesverband PPP e. V. sowie durch die Beauftragung erfahrener Berater zumindest in Teilen kompensiert werden. Die Einbindung externer Dritter ist mit Kosten und, was in vielen Fällen gravierender ist, mit Zeit verbunden. Der Erfahrungshorizont von Dritten ist angesichts der vergleichsweise geringen Anzahl bislang von einzelnen Institutionen betreuten Projekten begrenzt. Die Grenzen des Erfahrungstransfers durch Dritte sind dort erreicht, wo durch die Ziele und Anforderungen sowie das Umfeld des Projektträgers spezifische Sachverhalte zu berücksichtigen sind. So variieren auch konzeptionell ähnliche Projekte regelmäßig in den von der Projektgesellschaft übernommenen Betreiberaufgaben, der Risikoteilung, der Nutzungsintensität sowie den baulichen Voraussetzungen. Schließlich setzt die komplette Offenlegung von bestehenden

Strukturen in Bau und Betrieb gegenüber Dritten eine hohe Vertraulichkeit voraus, die so nicht in jedem Fall gegeben ist. Die Praxis zeigt, dass sich eigene Erfahrungen der Projektverantwortlichen mit Vergleichsprojekten bislang zwar nicht ersetzen, sehr wohl aber um wesentliche Aspekte bereichern lassen. Zu wünschen wäre an dieser Stelle eine große, mit möglichst vielen Projekten vertraute, schnell und effizient arbeitende Kompetenzstelle, die hohe Akzeptanz im öffentlichen Sektor genießt. Zukünftig könnte wohl am ehesten die im Jahr 2009 an den Start gehende Beratungsgesellschaft Partnerschaften Deutschland, bei der es sich um eine gemischtwirtschaftliche Gesellschaft unter Führung der öffentlichen Hand handelt, diese Aufgaben übernehmen.

5.2.2 Systematik des kameralen Rechnungswesens

Das Rechnungswesen der öffentlichen Hand erlaubt per se keine einfache, retrograde Ermittlung der immobilienbezogenen Kosten einer Institution. Die Verbuchungssystematik des kameralen Rechnungswesens erlaubt es nicht, die in der Vergangenheit getätigten Auszahlungen ursächlich mit der Nutzung von Immobilien in Verbindung zu bringen, zumindest nicht, ohne unverhältnismäßig hohen zusätzlichen Aufwand zu verursachen. Für Investitionen ist dies grundsätzlich zwar eher möglich, verursacht erfahrungsgemäß dennoch erheblichen manuellen Aufwand. Selbst wenn in größeren Institutionen zahlreiche Erfahrungen mit der Investition und dem Betrieb kommunaler Infrastruktureinrichtungen bestehen, so liegen im Rechnungswesen nur in Ausnahmen belastbare Statistiken zu den Lebenszykluskosten der Einrichtungen vor, von einer Möglichkeit, diese Daten in Form von Verteilungsfunktionen aufzubereiten, die sich für die Ermittlung von Baukostenrisiken oder Betriebskostenrisiken eignen, ganz zu schweigen. Abhilfe schaffen könnte eine separate Projektrechnung, die alle Positionen der Wirtschaftlichkeitsrechnung über den Lebenszyklus der Investition fortschreibt. Auch von der Reform des kameralen Rechnungswesens und der Einführung der Doppik könnten positive Impulse ausgehen.

5.2.3 Fehlende Anreize bei den Projektträgern

Die Offenlegung von Daten über Kostenverursachungen in der Vergangenheit ist naturgemäß ein Thema, dem sich keine Verwaltung gern freiwillig stellt. Zum einen verursacht die Recherche der Daten im oben angesprochenen Öffentlichen Rechnungswesen samt Auswertung und Aufbereitung Kosten und nimmt regelmäßig erhebliche Zeit in Anspruch. Die Transaktionskosten neu geplanter Investitionsprojekte steigen damit und, was in der Regel deutlich schwerer wiegt, die Projektdauern werden oft maßgeblich verlängert.

Zum anderen schafft die Offenlegung von Daten Transparenz, die so von den bisherigen Bau- und Betriebsabteilungen oder den Kämmerern öffentlicher Institutionen nicht uneingeschränkt gewünscht ist. Im Wirtschaftlichkeitsvergleich wird das Baukostenrisiko aus der Streuung der Baukosten abgeschlossener Vergleichsprojekte hergeleitet. Ein hohes Baukostenrisiko resultiert in dieser Systematik aus entsprechend festgestellten Streuungen der Kostenkennzahlen, die in der Regel als Baukostenüberschreitungen und nur selten als Baukostenunterschreitungen vorkommen. Die Verantwortlichen kommen automatisch unter Rechtfertigungsdruck, auch wenn die Kostenüberschreitungen durchaus entsprechend ungünstigen Umständen geschuldet und zu rechtfertigen wären.

Auch bei der Erzeugung von Statistiken zum Bereich der Betriebskosten weisen Kostenstreuungen zwischen Gebäuden auf Unwirtschaftlichkeiten hin, für die die Verantwortlichkeiten möglicher Weise entweder noch nicht geklärt sind oder für die Betroffenen noch nicht zu Konsequenzen geführt haben. In der Mehrzahl der analysierten Projekte zeigen sich zudem Kostenvorteile für die privaten Anbieter gegenüber öffentlichen Stellen, so dass auch in diesen Fällen die öffentlichen Stellen unter Rechtfertigungsdruck geraten.

Schließlich sind auch die Ergebnisse von abgeschlossenen Wirtschaftlichkeitsuntersuchungen für die Initiatoren von vergleichbaren Projekten regelmäßig nicht einsehbar. Die Geheimhaltung dient zum einen dem Schutz des Knowhows der privaten Berater, die die Untersuchung im Auftrag der öffentlichen Hand durchgeführt haben, zum anderen aber auch der Verhinderung einer externen Erfolgskontrolle des Projekts.

Generell ist eine hohe Transparenz über die Lebenszykluskosten von Infrastrukturinvestitionen Grundvoraussetzung für die Bewertung der Wirtschaftlichkeit von Bau und Betriebseinrichtungen des öffentlichen Sektors, so sie denn für einen angemessenen Preis zu erlangen ist. Vielversprechende Verbesserungsmöglichkeiten bestehen insbesondere in der Ausnutzung von Anreiz- und Sanktionssystemen für die Projektträger. So könnte beispielsweise die Vergabe von Fördermitteln oder Finanzierungsvergünstigungen an die Offenlegung von Projektdaten zu Lebenszykluskosten, Wirtschaftlichkeitsuntersuchungen und Risikobewertungen gekoppelt werden.

5.3 Optimierung durch Aufbau von Datenbanken

Angesichts der geringen Transparenz über die Verursachung von Zahlungsströmen durch die Planung, den Bau und Betrieb sowie die Endschaft öffentlicher Infrastrukturinvestitionen liegt die Forderung nach Projektdatenbanken nahe. In der Vergangenheit hat es folglich immer wieder Versuche gegeben, Datenbanken zu PPP-Projekten zu errichten, die auch Informationen zu den Zahlungsströmen und Risiken der Projekte beinhalten. Als konzeptionell am weitesten fortgeschritten ist ein unter der Bezeichnung „Optimierte Bewirtschaftung zum Werterhalt von

Bestandsimmobilien (BEWIS)"[4] von 2004 bis 2006 an der Universität Karlsruhe durchgeführtes Projekt zur Errichtung einer Datenbank für öffentliche Gebäude einzustufen. Im BEWIS Projekt sind die gesamten Lebenszykluskosten von öffentlichen Gebäuden in einer Datenbank erfasst. Die Datenbank diente ursprünglich dem Zweck, optimale Bewirtschaftungsstrategien zu entwickeln. Mit etwas Aufwand können aus den in BEWIS verarbeiteten Realdaten aber auch Rückschlüsse auf die Wirtschaftlichkeit und durch die Streuung von Objekten in Bezug auf die Kostenpositionen auf die Bau- und Betriebskostenrisiken gezogen werden. Auf freiwilliger Basis wurden von öffentlichen Institutionen in Baden Württemberg zu 22 Objekten mit insgesamt 190.000 m^2 Bruttogeschossfläche 29.000 Datensätze zur Verfügung gestellt. Die Objekte umfassen im Wesentlichen Schulen aber auch Krankenhäuser und Verwaltungsgebäude. Die Datensätze beschreiben die Herstellungskosten, die Nutzungskosten sowie die aktuelle Substanz inklusive des Instandhaltungszustands. Herstellungs- und Nutzungskosten sind im Wesentlichen über Rechnungsbelege zu den Maßnahmen rekonstruiert worden. Die Rechnungsbelege sind aus alten Lochkarten, Mikrofish-Daten und Beleg-Journalen zusammengetragen worden. Die Bewertung der aktuellen Substanz erfolgte durch manuelle Aufnahme vor Ort.

Für ein flächendeckendes Reporting der Lebenszykluskosten von PPP-Projekten erscheint das BEWIS Projekt angesichts einer Zahl von durchschnittlich 1.318 Datensätzen pro Objekt wohl als zu mächtig. Angesichts des ursprünglich anderen Zwecks des Tools sind dem hier verfolgten Ziel zuträgliche Vereinfachungen, beispielsweise durch Zusammenfassung von Kostenpositionen, an vielen Stellen denkbar. Grundsätzlich zeigt das Tool, dass eine Erfassung von Zahlungsströmen in einer zentralen Datenbank auch bei älteren Bestandsgebäuden mit einem entsprechenden Aufwand möglich ist, wenn die Beteiligten ein hinreichendes Interesse an den Auswertungsergebnissen haben.

Das BEWIS Projekt hat gezeigt, dass Projektdatenbanken, die die gesamten Zahlungsströme einer Infrastrukturinvestition im gesamten Lebenszyklus erfassen, realistisch sind. Zur objektiven und möglichst genauen monetären Bewertung der einzelnen Projektrisiken sind zukünftig die Einrichtung von konzeptionell im Wesenszug vergleichbaren, allerdings weniger mächtigen Projektdatenbanken unausweichlich. Im Rahmen der Soll-Konzeption solcher Datenbanken sind folgende Fragen zu klären:

- Was wird gespeichert?
  Um die Daten unmittelbar für die Zwecke des Wirtschaftlichkeitsvergleichs und der Risikobewertung zugänglich zu machen erscheint es ratsam, die Detailtiefe der Daten an den Wirtschaftlichkeitsvergleich anzupassen. Neben der Erfassung der Finanzdaten ist auch eine qualitative Beschreibung zur Bewertung der Vergleichbarkeit und Selektion von Vergleichsobjekten zukünftiger Projekte not-

[4] Vgl. Pfründer et al. (2006): Examination of life cycle costs as a basis for future Public-Private Partnership (PPP) projects focusing on school buildings. Tagungsband/Proceedings of the fifth European research symposium in facilities management, Frankfurt, March 2006.

wendig. Empfehlenswert ist die Erarbeitung einer Standardkategorisierung z. B. nach Objektgrößen, Nutzungsarten und Nutzungsintensität.

- Wie wird eine hohe Datenqualität und -vielfalt gewährleistet?
  Die Problemanalyse zu Beginn dieses Abschnitts macht deutlich, dass ein erheblicher Einsatz der Informationsgewinnung bei vergleichsweise geringer Motivation der betroffenen Abteilungen zur Erstellung einer belastbaren Datengrundlage erforderlich ist. Zentraler Erfolgsfaktor der Errichtung einer Datenbank ist die Motivation zur Datenbereitstellung einer möglichst breiten Klientel an Institutionen des öffentlichen Sektors. Dabei ist auf eine möglichst einfache, wenig aufwendige Erfassung der Objekte zu achten. Die korrekte Erfassung ist durch Plausibilitätskontrollen und manuelle Prüfung von Stichproben nachzuvollziehen. Um zu gewährleisten, dass die Daten wahrheitsgemäß übermittelt werden, erscheint die Zusicherung der Anonymität im Umgang mit den Informationen während der Auswertung geboten. Für Zwecke der statistischen Auswertung im Rahmen von Wirtschaftlichkeitsanalysen und Risikobewertungen ist eine Zuordnung von Zahlungsströmen zu konkreten Projekten in der Regel nicht notwendig. Die Akzeptanz und Motivation zur Unterstützung der Datenbank sollte schließlich dadurch gesteigert werden, dass die Zugriffsmöglichkeit nur bei berechtigtem Interesse und auf Gegenseitigkeit erfolgen kann. Ein berechtigtes Interesse liegt dann vor, wenn eine öffentliche Institution oder ein entsprechend beauftragtes Beratungsunternehmen eine Wirtschaftlichkeitsuntersuchung für eine Infrastrukturinvestition erstellt. Im Rahmen dieser Untersuchung werden von den Interessenten eigene Finanzpläne und Risikoanalysen zu den Beschaffungsalternativen angestellt, deren Ergebnisse im Gegenzug der Nutzung in die Datenbank eingestellt werden müssen.
- Wer betreibt und finanziert die Datenbank?
  Die Einrichtung und der Betrieb der Datenbank ist eine Aufgabe, die auf Länder- und ressortübergreifend auf Bundesebene eingerichtet werden sollte. Derzeit befindet sich unter Federführung der PPP Taskforce des Bundes eine Projektdatenbank im Aufbau. Es wäre zu prüfen, ob eine Erweiterung dieser Datenbank um die derzeit noch nicht berücksichtigte finanzwirtschaftliche Perspektive sinnvoll wäre. Notwendig erscheint der Betrieb der Datenbank durch im Projektgeschäft erfahrene Personen, die die Qualität der gelieferten Daten bewerten können. Damit wäre der Aufbau und Betrieb einer finanzwirtschaftlichen Projektdatenbank eine wichtige Aufgabe für den Grundlagenbereich der Partnerschaften Deutschland.

Naturgemäß bieten Informationen aus Datenbanken im Rahmen der Wirtschaftlichkeitsuntersuchung und Risikoanalyse nur einen aus einer anonymen Projektmasse erzeugten Richtwert, der die Besonderheiten des Einzelprojekts nicht enthält. Gleichwohl zeigt sich, dass ein Großteil der Projekte (wie z. B. Schulen, Rathäuser, Gerichtszentren) sich in vergleichsweise uniforme Klassen einteilen lassen. Zumindest erlauben Datenbanken die Erzeugung derzeit nicht bekannter „typischer" Bandbreiten für Lebenszykluskosten von Beschaffungsvarianten, Wirtschaftlichkeitsvorteilen und Risikobewertungen. In atypischen Fällen liefert die Datenbank die Stützpfeiler, gegen die die Projektträger ihre Argumentation in der Begründung ihrer abweichenden Finanzdaten auszurichten haben.

5.4 Projekt-Benchmarking

Unter Projekt-Benchmarking wird die Analyse mehrerer Projekte eines oder unterschiedlicher Projektträger im direkten Vergleich verstanden. Es ist in vielerlei Hinsicht die Weiterführung der oben angestellten Überlegungen zur Einrichtung einer Projektdatenbank. Typisches Ziel des Projekt-Benchmarkings ist es, Transparenz in bislang wenig durchsichtige Projektstrukturen zu bringen und vom jeweils Besten in den unterschiedlichen Segmenten des Projektmanagements zu lernen. Das gebräuchliche Mittel ist der wechselseitige Austausch von Informationen mit dem Zweck, individuelle Leistungslücken zu erkennen, deren Beseitigung sich die Teilnehmer im Anschluss an die gemeinsame Arbeit im Benchmark-Zirkel widmen können.

Das derzeit am weitesten fortgeschrittene Projekt-Benchmarking im PPP Sektor wird von der KGSt für Schulprojekte im Auftrag der PPP Task Force des Bundes durchgeführt. Unter Berücksichtigung der unterschiedlichen Stadien „Projekte in Vorbereitung“, „Projekte in Realisierung“ und „Projekte in Betrieb“ werden im Rahmen der umfangreichen Benchmarking-Bemühungen der KGSt im Rahmen des IKO-Netzwerks[5] seit Beginn 2008 auch PPP-Schulprojekte in Vergleichsringen untersucht. Ziel der Vergleichsringe ist die Entwicklung von Kennzahlen für den Vergleich, der Vergleich von konventioneller und PPP-Beschaffungsvariante, die Generierung und der Vergleich von Projektvorbereitungs-, Planungs-, Bau- und Finanzierungskosten sowie Betriebskosten-Benchmarks. Explizites Ziel ist bei den Projekten in Vorbereitung auch der Vergleich der Risiken bzw. der Quantifizierung von Risiken, was sich im bisherigen Projektverlauf als überaus schwierig erweist, so dass zumindest ein intensiver Austausch der Erfahrungen zum Umgang und zur Ermittlung von Risiken realisiert werden soll.

Im Zuge der Risikobewertung geht es neben der Bewertung der Risiken im PPP-Betrieb zentral um die Bewertung der Risiken in der konventionellen Beschaffungsvariante, die bislang bei der Planung und Durchführung von Projekten keine Rolle spielten.

Ein Vergleich der Ergebnisse der Risikobewertung sollte weitere Entscheidungshilfe bei PPP-Projekten in Vorbereitung bieten. Aus anderen Vergleichsringen liegen der KGSt hier umfangreiche Daten zu den Betriebskosten vor, aus denen mit vertretbarem Aufwand risikobezogene Auswertungen zu den Betriebskostenpositionen in der Nutzung öffentlicher Gebäude entwickelt werden können. Auch wenn dies im KGSt-Benchmarking bislang keine Rolle spielte, können so die Risikobewertung und das Risikomanagement in die Konzeption eines Projekt-Benchmarkings intensiv aufgenommen werden. Deutlich zu betonen ist, dass die bisherigen Benchmarking-Ergebnisse ausschließlich Erkenntnisse zu den Betriebskosten-Risiken liefern können; Planungs-, Bau-, Finanz- und Organisationsrisiken stehen wie oben beschrieben zwar auf der Tagesordnung der PPP-Vergleichsringe, bedürfen jedoch einer konzeptionellen Weiterentwicklung, um diesbezügliche Vergleiche zwischen

[5] Das IKO-Netzwerk der KGSt hat deutschlandweit bereits über 220 Vergleichsringe betreut und damit mehr als 2.300 Kommunen und Institutionen unterstützt.

Projektträgern und den Vergleich zur konventionellen Erstellung zu ermöglichen. Ergebnis ist dann, wie bei der Projekt-Datenbank oben dargestellt,

- die Streuung der einzelnen Kostenpositionen zur grundlegenden Bewertung des entsprechenden Kostenrisikos,
- die vergleichende Analyse der Methodik der Risikobewertung,
- die vergleichende Analyse der Ergebnisse des Benchmarkings.

Generell unterliegen alle Benchmarks den methodenimmanenten Problemen einer begrenzten Übertragbarkeit von Vergleichsfällen auf das konkrete Projekt.

5.5 Quantitative Modellierung von Investitionsobjekt und dessen Nutzung

Eine alternative Methode der Bewertung von Risiken stellt die quantitative Modellierung der Risiken dar. Der Gegenstand quantitativer Verfahren ist die Berechnung der Projektkosten und deren Risiken mit Hilfe der Mathematik. Dabei liegt das Hauptaugenmerk der Verfahren auf den Nutzungskosten in der Betriebsphase, deren Prognose durch massiv gestiegene Preise insbesondere für Energie und Wasser zunehmend unpräziser und damit riskanter wird. Aus zahlreichen Projekterfahrungen ist bekannt, dass die Bewirtschaftungskosten über einen Nutzungszeitraum von zehn Jahren und länger nicht mehr seriös prognostizierbar sind. Da die kumulierten Nutzungskosten von der Größenordnung her den Barwert der Investitionskosten regelmäßig deutlich übersteigen, ist ihr Einfluss auf das Gesamtrisiko eines Projekts erheblich. Zeitreihenanalysen von Nutzungskosten öffentlicher wie privater Gebäude zeigen, dass die Kosten im Zeitablauf zyklisch bei einem steigenden Trend anwachsen. Eine lineare oder exponentielle Entwicklung, wie in den gegenwärtigen Verfahren zur Risikobewertung angenommen, ist dem entgegen realitätsfern. Vielmehr entwickeln sich die Nutzungskostenrisiken im Zeitablauf dynamisch, was zu gravierenden Konsequenzen für den Projektträger führen kann, falls diesen der Entwicklungspfad der Kosten unvorbereitet trifft. Abbildung 5.1 zeigt exemplarisch die Entwicklung der Nutzungskosten von 15 Gebäuden über einen 10-Jahres Zeitraum.

Aus den in der Abbildung dargestellten Kostenverläufen wird deutlich, dass Veränderungen der jährlichen Nutzungskosten von 50% von einem Jahr auf das Nächste und im Extremum Schwankungen von bis nahezu 150% vorkommen.

Die möglichen Gründe für die nichtlineare Kostenentwicklung sind über lange Sicht so komplex, dass eine Prognose der Kostenentwicklung auf Basis von Ursache – Wirkungszusammenhängen nicht mehr möglich ist. Zur Bewertung dieses Risikos haben Schöbener et al. ein Verfahren entwickelt, in dem mit Hilfe stochastischer Prozesse der Verlauf der Nutzungskosten modelliert wird.[6] Das Verfahren folgt im

[6] Auf eine exakte Darstellung wird an dieser Stelle aus Platzgründen verzichtet. Vgl. hierzu Schöbener et al. (2007).

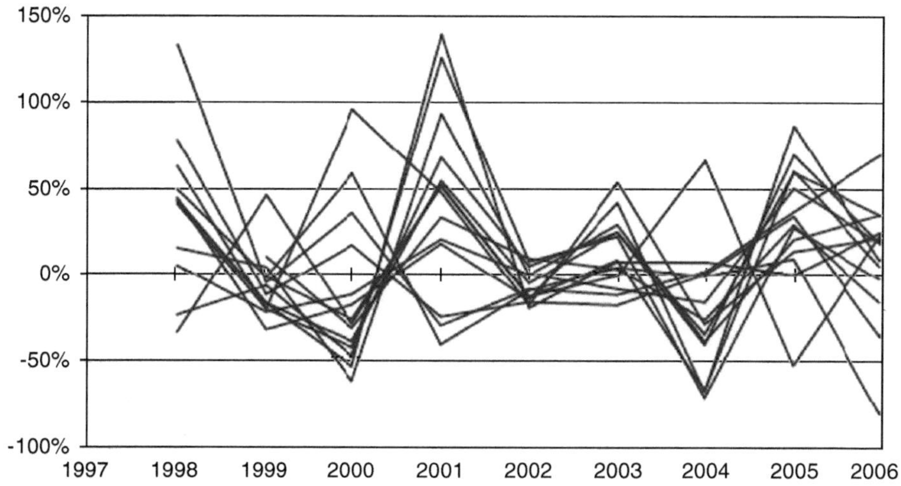

Abb. 5.1 Jährliche Veränderung der Nutzungskosten von 15 ausgewählten Gebäuden über einen 10-Jahres Zeitraum (1997–2006) (Quelle: Schöbener et al. (2007))

Grundsatz zunächst der Bewertung von Aktienkursrisiken am Kapitalmarkt bei der Festsetzung von Optionspreisen. Ebenso wie die Aktienkursentwicklung wird die Kostenentwicklung dabei als zufällig angenommen. Im Verfahren wird mit Hilfe eines stochastischen Prozesses, der einen zufälligen Verlauf nimmt, eine mögliche Kostenentwicklung im Zeitablauf abgebildet. Der Verlauf berücksichtigt dabei die Ergebnisse der realen Beobachtungen zur empirischen Kostenentwicklung, z. B. den Trend im Kostenanstieg (Drift) sowie die Heftigkeit von Kostenänderungen zwischen zwei Perioden (Volatilität). Wird diese Generierung von Kostenverläufen im Rahmen der oben dargestellten simulativen Risikoanalyse oft genug wiederholt, erzeugt man ein ständig stabiler werdendes Bild der dynamischen Kostenentwicklung und der sich daraus ergebenden Risiken.

Der Vorteil quantitativer Verfahren liegt in deren vergleichsweise geringem Anspruch an die Grunddaten. Im Grundkonzept des Verfahrens geht man davon aus, dass die Wirkungszusammenhänge der Kostenentwicklung derart komplex sind, dass jeder Versuch eines „Verstehens" der Zusammenhänge zwecklos ist. Stattdessen ist der Dateninput auf das beschränkt, was der Projektträger im Rahmen der vergangenen Kostenentwicklung an generellen Beobachtungen zum typischen Kostenverlauf macht. Dies ist insofern plausibel, als sehr viele elementare Einflussfaktoren der Kostenentwicklung aus Sicht aller beteiligten Akteure eine (pseudo-)zufällige[7] Entwicklung nehmen. Hierzu zählen beispielsweise Wetterbedingungen, Energiepreise, Marktverwerfungen, höhere Gewalt oder Fehler. Wie Erfahrungen aus dem Kapitalmarktbereich zeigen, sind derartige unscharfe Prog-

[7] Eine pseudo-zufällig Variable folgt zwar einem feststehenden Muster, dessen Entwicklung aber vom Betrachter weder prognostiziert noch beeinflusst werden kann. Aus seiner Sicht ist die Variable damit als zufällig einzustufen.

nosen besser als die Ignorierung oder gar Linearisierung des Kosten- und Risikoverlaufs der Betriebskosten.

Der Vorschlag von Schöbener et al. versteht sich als erste konzeptionelle Vorstudie zur Übertragung des Risikomanagement Knowhows aus dem Kapitalmarktbereich in das Risikomanagement von Infrastrukturprojekten. Eine breitere und vertiefende Analyse mit praktischem Anwendungsbezug erscheint vielversprechend.

5.6 Zwischenergebnis: Informationsversorgung als kritischer Erfolgsfaktor des Risikomanagements in PPPs

Die Informationsversorgung ist der derzeit kritische Erfolgsfaktor des Risikomanagements von PPP Projekten. Die intensive Ausweitung der Anstrengung zur Weiterentwicklung von Projektdatenbanken, Projekt-Benchmarkings und quantitativen Verfahren zur Verbesserung des Informationsstands in Risikobewertung und Risikomanagement ist zwingend erforderlich. Aufgrund des vergleichsweise geringen Entwicklungsstands dieses Gebiets sollten bereits mit überschaubarem Mitteleinsatz schnell erhebliche Fortschritte zu erzielen sein. Die gegenwärtigen Hürden liegen in der mangelnden Transparenz der Zahlungsströme im Lebenszyklus von Infrastrukturinvestitionen begründet. Mit der derzeit stark ansteigenden Anzahl an Projekten besteht eine gute Chance, die nötigen Datenbestände mit vereinten Kräften zu erzeugen und das nötige Knowhow im Umgang mit Verteilungsfunktionen einzelner Kostenpositionen zu generieren und in den Markt zu kommunizieren.

Literatur und Lesetipps

Zitierte Literatur

Arbeitskreis PPP im Management öffentlicher Immobilien im BPPP e. V. (2007): Optimierung von Wirtschaftlichkeitsuntersuchungen in immobilienwirtschaftlichen PPPs. Ein Thesenpapier. In: Pfnür, Andreas (Hrsg.): Arbeitspapiere zur immobilienwirtschaftlichen Forschung und Praxis, Band Nr. 9, Darmstadt.

Pfründer, Uwe; Bahr, Caroline; Lennerts, Kunibert (2006): Examination of life cycle costs as a basis for future Public-Private Partnership (PPP) projects focusing on school buildings. Tagungsband/Proceedings of the fifth European research symposium in facilities management, Frankfurt am Main.

Schöbener, Henning; Schetter, Christoph; Pfnür, Andreas (2007): Reliability of Public Private Partnership Projects under Assumption of Cash Flow Volatility. In: Pfnür, Andreas (Hrsg.): Arbeitspapiere zur immobilienwirtschaftlichen Forschung und Praxis, Band Nr. 11, Darmstadt.

Ausgewählte weiterführende Literaturempfehlungen

Arbeitskreis PPP im Management öffentlicher Immobilien im BPPP e. V. (2007): Optimierung von Wirtschaftlichkeitsuntersuchungen in immobilienwirtschaftlichen PPPs. Ein Thesenpapier. In: Pfnür, Andreas (Hrsg.): Arbeitspapiere zur immobilienwirtschaftlichen Forschung und Praxis, Band Nr. 9, Darmstadt.

Schöbener, Henning; Schetter, Christoph; Pfnür, Andreas (2007): Reliability of Public Private Partnership Projects under Assumption of Cash Flow Volatility. In: Pfnür, Andreas (Hrsg.): Arbeitspapiere zur immobilienwirtschaftlichen Forschung und Praxis, Band Nr. 11, Darmstadt.

Kapitel 6
Entwicklungspotenziale der Methoden zur monetären Bewertung von Risiken im PPP-Prozess

Zur monetären Bewertung der Projektrisiken und der anschließenden Analyse der Risikosituation einer Investition stehen verschiedene Verfahren der Investitionsrechnung zur Verfügung, die hinsichtlich der Qualität und Aussagekraft der Ergebnisse differieren. Die derzeit in der Praxis regelmäßig eingesetzten Verfahren zur Bewertung des Risikos gelten unter Fachleuten der Investitionsrechnung als einfache, relativ ungenaue Verfahren. Nachfolgend ist zu untersuchen, ob und in welchem Maße die Anwendung dieser Verfahren der komplexen Entscheidungssituation im Rahmen von PPP-Projekten gerecht wird. Im Folgenden sollen daher zunächst die Anforderungen der Akteure an die Risikobewertung aufgezeigt werden, bevor eine kritische Auseinandersetzung mit dem derzeit in der Praxis favorisierten Zuschlagverfahren erfolgt. Im Anschluss werden weitere Verfahren und Instrumente der Risikobewertung und -analyse aufgezeigt, die zu einer Verbesserung der Informationslage über die monetären Auswirkungen der Risiken führen.

6.1 Anforderungen an die Methodik der Risikobewertung

Ziel eines umfassenden Risikomanagements bei PPP-Projekten ist es, größtmögliche Transparenz über die Risikosituation eines Projektes zu erlangen, damit fundierte Investitionsentscheidungen getroffen werden können bzw. durch gezielte Maßnahmen eine Verbesserung der Risikosituation erfolgen kann. Insofern ist für die Entscheidungsfindung der beteiligten Akteure insbesondere eine methodisch korrekte und vollständige Bewertung der Risikosituation notwendig. Dabei differieren die Anforderungen der Risikobewertung durch die beteiligten Akteure, sodass im Folgenden auf die jeweiligen Perspektiven eingegangen werden soll.

6.1.1 Sicht der Öffentlichen Hand

Die Öffentliche Hand bewertet die Risiken, um dem Wirtschaftlichkeitsgebot nachzukommen. Die Wirtschaftlichkeitsuntersuchungen im Allgemeinen und die Risiko-

A. Pfnür et al., *Risikomanagement bei Public Private Partnerships*,
DOI 10.1007/978-3-642-01073-6_6, © Springer-Verlag Berlin Heidelberg 2010

bewertungen im Besonderen dienen dem Zweck, eine fundierte und tragfähige Entscheidung zwischen einer konventionellen Beschaffung und einer PPP-Realisierung herbeizuführen. Eine ihrer wesentlichen Anforderungen an die Risikobewertung besteht darin, alle Risiken im Rahmen der Wirtschaftlichkeitsuntersuchung zu identifizieren, adäquat zu bewerten und mit realistischen Preisen zu beziffern. Im Übrigen kann sich natürlich ein ursprünglich sachgerecht ermittelter Wirtschaftlichkeitsvorteil im späteren Projektverlauf anders einstellen und im schlimmsten Fall ins Gegenteil umkehren, weil sich beispielsweise gänzlich unvorhergesehene Umweltsituationen einstellen oder die Akteure sich nicht im Sinne der Partnerschaft verhalten.

Von ihrem gesetzlichen Auftrag her handelt die Öffentliche Hand nicht unternehmerisch. Ihr betriebswirtschaftliches Ziel besteht vielmehr darin, die Erfüllung der von ihr geforderten staatlichen Aufgaben zu möglichst geringen Kosten und mit hoher Zuverlässigkeit durchzuführen. Das heißt, die Öffentliche Hand sollte grundsätzlich risikoavers handeln und Projekten mit einem großen Verlustpotenzial aus dem Wege gehen. Im Rahmen der Investitionsentscheidung für eine der beiden Alternativen (konventionelle Realisierung vs. PPP-Variante) muss sie somit das Risikopotenzial nicht nur monetär in die Entscheidung einbeziehen, sondern auch im Sinne einer Strategie der Vermeidung eigener Risiken agieren.

Da Risiken per Definition aus den unvollkommenen Informationen über zukünftige Umweltzustände und den damit einhergehenden möglichen Abweichungen der Realsituation von der Zielvorgabe (dem erwarteten Wert) resultieren, sind diese folglich durch die Streuung um einen erwarteten Wert charakterisiert. Infolgedessen sollte es für die Öffentliche Hand durch die Risikobewertung möglich sein, einen Überblick über alle potenziellen Auswirkungen eines Risikos in Form einer Wahrscheinlichkeitsverteilung zu erlangen. Der Öffentlichen Hand nutzt es somit wenig, ausschließlich Informationen über den Erwartungswert eines Risikoeintritts zu erlangen, da es auch zu einer Extremsituation (bspw. außergewöhnliche Kostenüberschreitungen, die Wahl einer unwirtschaftlichen Beschaffungsvariante oder die Inanspruchnahme aus einer Einredeverzichtserklärung) kommen kann, die in der Entscheidungsfindung Berücksichtigung finden muss. In der Konsequenz kann eine potenziell preisgünstigere Alternative abzulehnen sein, sofern mit ihr unverhältnismäßig höhere Risiken für die Öffentliche Hand verbunden sind.

6.1.2 Sicht der privatwirtschaftlichen Auftragnehmer

Der private PPP-Partner (Projektsponsor) muss generell einschätzen können, welche Risiken er mit der Durchführung des Projektes eingeht, um diese in seiner Preiskalkulation berücksichtigen zu können. Insofern ist auch für ihn eine umfassende Kenntnis der Risikosituation des Projektes von hoher Bedeutung.

Der private Partner muss in Erwägung ziehen, dass es zu Extremausprägungen (Worst case-Szenarien) kommen kann, welche er bei einer Übernahme des mit dem Auftrag verbundenen Risikos gegebenenfalls mit seinem Kapital kompensieren muss. Vor allem kleinere Auftragnehmer haben nicht die Möglichkeit, eine Diversifikation der Risiken im eigenen Projektportfolio vornehmen zu können. Für diese ist es aus unternehmerischer Sicht daher besonders wichtig, bei langfristigen Projekten zuverlässig prognostizieren zu können, mit welcher Wahrscheinlichkeit die jeweiligen Risiken eintreten.

Eine Bewertung der Risiken, die ausschließlich auf den Erwartungswert abstellt, ist somit auch für den privaten Partner nur als Ausgangspunkt der Risikobewertung einzuordnen, da die Extremausprägungen mancher Risiken als K.O.-Kriterien für die Risikoübernahme oder aber das ganze Projekt einzustufen sind. An dieser Stelle ist bspw. auf die kalkulierten Verkehrsmengen bei den mautbasierten F-Modellen hinzuweisen, die teilweise auf sehr unsicheren Daten beruhen. Angesichts der bisherigen Erfahrungen dürfte in Zukunft kein Unternehmen mehr bereit sein, das Verkehrsmengenrisiko in Gänze zu übernehmen, wenn die Möglichkeit einer drastischen Unterschreitung der prognostizierten Zahlen besteht, selbst wenn der erwartete Verkehrsstrom im Rahmen der Investitionsentscheidung als auskömmlich einzuordnen ist.

Die Kalkulation der Risikovorsorge sollte aus Sicht des privaten Partners erst auf Basis einer differenzierten, vollständigen Risikobewertung erfolgen, die alle möglichen Risikoauswirkungen in die Bewertung mit einbezieht. Die Kosten der Risikoübernahme können sich nämlich je nach Risikomanagementfähigkeiten und Risikoneigung des jeweiligen Risikoträgers erheblich unterscheiden. Gerade in diesen Punkten verschaffen sich Unternehmen im intensiven Wettbewerb mit ihren Konkurrenten einen Vorteil, sei es weil sie manches Risiko besser bewerten können oder weil ihre Geschäftsstrategie gerade auf die Übernahme und Steuerung bestimmter Risiken zielt, die anderswo als nicht mehr tragfähig angesehen werden.

6.1.3 Sicht der Kapitalgeber

Neben den leistungswirtschaftlich agierenden privaten Partnern sind regelmäßig weitere Parteien als Kapitalgeber in den PPP-Prozess involviert. Finanzinvestoren können Eigenkapital für die Projektgesellschaft zur Verfügung stellen, während Banken regelmäßig einen Großteil der Investitionssumme als Fremdkapital bereitstellen. Vor allem aufgrund der langfristigen Bindung des Kapitals und der Übernahme unternehmerischer Risiken im Rahmen einer Kapitalbeteiligung an der Projektgesellschaft ist es gerade aus Sicht der Eigenkapitalgeber erforderlich, jederzeit über das der Investition innewohnende Risikopotential umfassend informiert zu sein. Daneben ist es auch für die Fremdkapitalgeber vor allem bei „non-recourse" Finanzierungen wichtig, vollkommen über die Risikosituation informiert zu sein, da ihre Rückgriffsrechte gegenüber den Sponsoren auf deren Eigenkapitaleinlage beschränkt sind und allein der Projekterfolg den Cashflow und damit den Finanzierungserfolg sichert.

Die Kapitalgeber werden im Rahmen ihres Risikomanagements die Kapitalmärkte nutzen, um die eingegangenen Risikopositionen weiterzuverkaufen oder zu diversifizieren. Für ein erfolgreiches Risikomanagement sind umfangreiche Kenntnisse zur Struktur des Risikos erforderlich. Die Kenntnis von Erwartungswerten allein ist hierzu nicht ausreichend. Vielmehr benötigen Finanzinvestoren Kosten- und Ertragsprognosen in Form von Verteilungsfunktionen.

Generell besteht im Rahmen von PPP-Projekten aus Sicht aller Akteure somit die Anforderung die Risikosituation transparent und präzise abbilden zu können. Eine qualitative Beschreibung der Risikosituation allein reicht nicht aus. Vielmehr hat eine quantitative, monetäre Bewertung der Risiken zu erfolgen. Allerdings muss die Risikobewertung unkompliziert in den vorhandenen Strukturen vorgenommen werden können. Aus praktischer Sicht muss es für alle Beteiligten möglich sein, die jeweilige Risikosituation ohne fortgeschrittene methodische Kenntnisse bewerten zu können und dabei den Aufwand in einem positiven Kosten-Nutzen Verhältnis zu halten.

6.2 Kritische Analyse des Zuschlagsverfahren

In der derzeitigen Projektpraxis stellt das Zuschlagverfahren im Rahmen der Risikobewertung den Status quo dar. Das Ziel des Verfahrens besteht darin, ein Sicherheits – bzw. Zahlungsäquivalent für jedes Einzelrisiko zu errechnen. Dieses fließt in der Folge in den Wirtschaftlichkeitsuntersuchungen als Risikozuschlag bzw. Kostenaufschlag oder Risikoprämie ein. Die Bewertung eines unsicherheitsbehafteten Parameters erfolgt dabei durch die Multiplikation möglicher Schadensausmaße mit den damit einhergehenden Wahrscheinlichkeiten. Das so berechnete Zahlungsäquivalent repräsentiert den Erwartungswert aller für möglich gehaltenen Schadenspotenziale.[1] Durch die Berücksichtigung der Zahlungsäquivalente als Auszahlung in den Investitionsrechnungen werden die bis dato auf Sicherheit basierenden Finanzpläne um eine Zeile „Risikokosten“ ergänzt. Im Ergebnis resultiert für jede der beiden in den Wirtschaftlichkeitsuntersuchungen kalkulierten Varianten ein risikoadjustierter Barwert.

Die Bewertung der Risiken mit dem Zuschlagverfahren muss allerdings kritisch hinterfragt werden, da mit dem Verfahren methodische Probleme einhergehen, die im Folgenden einzeln aufgegriffen werden.

6.2.1 Projekte sind durch ihre Einmaligkeit gekennzeichnet

Grundsätzlich ist die Anwendung von Erwartungswerten in der Investitionsrechnung zu hinterfragen, da die Statistik nach ihrer Theorie eine gewisse Anzahl an Wiederholungen verlangt, um die Verwendung eines Erwartungswertes rechtfertigen zu können.[2] Oft sind Infrastrukturinvestitionsentscheidungen hingegen durch

[1] Vgl. dazu auch Pfnür u. Eberhardt (2006, S. 168).

[2] Vgl. Adam (2000, S. 356).

ihre Einmaligkeit gekennzeichnet. Dies führt zu der Frage, ob Investitionsentscheidungen für ein einzeln betrachtetes Projekt einzig und allein anhand des Erwartungswertkriteriums getroffen werden sollten. Zumindest sollte der Entscheidungsträger darüber informiert sein, wie wahrscheinlich dieses Szenario realisiert werden kann. Erst dadurch wird er in die Lage versetzt, einen Preis für die übernommenen Risiken zu nennen oder aber eine Risikoübernahme abzulehnen.

6.2.2 Risikoerwartungswerte vs. tatsächliche Risikosituation

Abgesehen von den Bedenken hinsichtlich der Anwendbarkeit von Risikozuschlägen auf Basis von Erwartungswerten wirft die Verdichtung der tatsächlichen Risikosituation weitere Probleme auf. Mathematisch kennzeichnet der Erwartungswert den Schwerpunkt einer Verteilung, der keinerlei Aussagekraft über die mannigfaltigen bzw. unendlich vielen Möglichkeiten der tatsächlichen Ausprägung eines unsicheren Wertes besitzt. Unter Umständen befindet er sich sogar an einer real nicht existenten Stelle. Der Veranschaulichung dient ein einmaliger Münzwurf. Was ist das erwartete Ergebnis – Kopf oder Zahl? Die mathematisch treffendste, jedoch praktisch genauso irrelevante Antwort wäre sicherlich „Kante". Man erkennt leicht: Eine Risikosituation bzw. die Verteilung der möglichen Szenarien wird durch einen Mittelwert nicht ausreichend genau beschrieben.[3]

Greift man das Beispiel aus Kap. 5 (siehe Tab. 6.1) nochmals auf, in dem für Investitionskosten von 25 Mio. € eine Risikobewertung mit dem Zuschlagverfahren vorgenommen wurde, wird die Problematik der Verwendung eines Risikozuschlags deutlich. Bei einer unterstellten einjährigen Bauzeit ist im genannten Beispiel der ersten Periode der Investitionsrechnung ein Risikozuschlag von 7,2% bzw. von 1,8 Mio. € zu berücksichtigen. Es erfolgt somit eine extreme Verdichtung der vielfältigen Eingangsinformationen hinsichtlich der Eintrittswahrscheinlichkeiten und der möglichen Schadenspotenziale auf einen einzigen Wert. Aus dem Risikozuschlag ist im Ergebnis nur noch erkennbar, dass im Erwartungswert eine Kostenüberschreitung prognostiziert wird. Es bleibt in der Ergebnisdarstellung völlig unberücksichtigt, dass in 15% aller Fälle eine Kostenunterschreitung prognostiziert wird, während ebenso mit 15-prozentiger Wahrscheinlichkeit mit einer empfindlichen Überschreitung von 25% (absolut 6,25 Mio. €) zu rechnen ist.

Im Ergebnis können Entscheidungen, die auf dem Kalkül des Erwartungswerts beruhen, den ursprünglich angestrebten Zielen zuwider laufen und fatale Folgen haben. Dies hängt insbesondere auch damit zusammen, dass die individuelle Risikoneigung des Entscheidungsträgers im Zuschlagverfahren keine Berücksichtigung findet, wie nun folgend erläutert wird.

[3] Vgl. Franke u. Hax (2004, S. 267).

Tab. 6.1 Ermittlung eines Risikozuschlags – ursprüngliche Ausgangssituation

Szenario	Abweichung von der Bezugsgröße	Absolute Abweichung in T €	Wahrscheinlichkeit des Szenarios	Schadenshöhe in % der Bezugskosten	Schadenshöhe absolut in T €
Große Unterschreitung	−5%	−1.250	5%	−0,25%	−62,5
Geringe Unterschreitung	−3%	−750	10%	−0,30%	−75
Keine Abweichung	0%	0	30%	0%	0
Geringe Überschreitung	+10%	2.500	40%	4,00%	1.000
Große Überschreitung	+25%	6.250	15%	3,75%	937,5
Summe			**100%**	**7,20%**	**1.800**
Standardabweichung				**2,23%**	**556,8 €**

Quelle: Eigene Darstellung.

6.2.3 Vernachlässigung der Risikoneigung der Entscheidungsträger

Die größte Schwäche des Zuschlagverfahrens wird sichtbar, wenn man sich die in Tab. 6.2 dargestellte beispielhafte alternative Ausgangssituation anschaut, die einen Risikozuschlag in gleicher Höhe wie im dargelegten Beispiel (Tab. 6.1) aufweist. Schon bei einer oberflächlichen Betrachtung der Szenarien ist zu erkennen, dass die beiden Ausgangssituationen bei einer Investitionsentscheidung unterschiedlich zu bewerten sind.

Die in Tab. 6.2 dargestellte alternative Ausgangssituation ist durch abweichende Schadenspotenziale und dazugehörige Eintrittswahrscheinlichkeiten gegenüber der ursprünglichen Risikosituation gekennzeichnet. Sie weist eine wesentlich größere Bandbreite der für möglich gehaltenen Szenarien auf, als dies in der ursprünglich dargestellten Ausgangssituation der Fall ist. Statistisch gesehen besteht der wesentliche Unterschied somit in den unterschiedlichen Streuungen, die sich in stark differierenden Standardabweichungen widerspiegeln. Weist die ursprüngliche Ausgangssituation mit der relativ geringen Streuung eine Standardabweichung von

Tab. 6.2 Ermittlung eines Risikozuschlags – veränderte Ausgangssituation

Szenario	Abweichung von der Bezugsgröße	Absolute Abweichung in T €	Wahrscheinlichkeit des Szenarios	Schadenshöhe in % der Bezugskosten	Schadenshöhe absolut in T €
Große Unterschreitung	−37%	−9.250	35%	−12,95%	−3.237,5
Geringe Unterschreitung	−20%	−5.000	10%	−2,00%	−500
Keine Abweichung	0%	0	10%	0%	0
Geringe Überschreitung	+43%	10.750	5%	2,15%	537,5
Große Überschreitung	+50%	12.500	40%	20,00%	5.000
Summe			**100%**	**7,20%**	**1.800**
Standardabweichung				**11,89%**	**2.973 €**

Quelle: Eigene Darstellung.

2,23% (absolut 556,8 T €) auf, beträgt die Standardabweichung für die geänderte Ausgangssituation 11,89% (absolut 2.973 T €).

In Anbetracht der Definition des Risikos als Streuung um den erwarteten Wert, ist die veränderte Ausgangssituation als deutlich risikobehafteter einzustufen. Da das Zuschlagverfahren allerdings keine Unterscheidung zwischen der Höhe des Schadensausmaßes und der Höhe der Eintrittswahrscheinlichkeit zulässt, resultiert bei völlig unterschiedlichen Risikosituationen mit differierenden Schadensstreuungen der gleiche Risikozuschlag. Da beide Risikosituationen gleichwertig beurteilt werden, wird implizit in der Bewertung eine Risikoneutralität des Entscheidungsträgers unterstellt.

Die Annahme, dass die Öffentliche Hand bei langfristigen Investitionen risikoneutral entscheidet ist, wie im übrigen bei jedem betriebswirtschaftlich rational agierenden Akteur, unzutreffend. Aufgrund des öffentlichen Auftrages ist die Öffentliche Hand in besonderem Maße verpflichtet risikoavers zu agieren. Demzufolge ist die alternativ aufgezeigte Risikosituation bei der einerseits eine Kostenunterschreitung von 9,25 Mio. € möglich ist, aber andererseits ein Verlustpotenzial von 12,5 Mio. € zu befürchten ist, von den Entscheidungsträgern der öffentlichen Hand im Verhältnis zur Ausgangssituation als deutlich schlechter zu werten. Ein risikoaverser Entscheidungsträger auf Seiten der Öffentlichen Hand müsste sich eindeutig gegen diese Variante entscheiden.

Dasselbe Beispiel könnte aber auch die Risikosituation eines privaten Auftragnehmers beschreiben, sofern die Öffentliche Hand sich entschließt, diese voll zu transferieren. Hinsichtlich der Höhe einer Risikovorsorge, die für die Abgabe eines Angebots zu kalkulieren ist, müsste für die zweite Variante durch einen risikoscheuen Akteur eine weitaus höhere Risikovorsorge getroffen werden als für die erste, obwohl beide Risikosituationen den gleichen Erwartungswert aufweisen. Rein formal betrachtet würde ein Unternehmer bei Zugrundelegung des Erwartungswertes ebenso eine Risikovergütung von lediglich 1,8 Mio. € verlangen. Tritt der schlimmste hier unterstellte Fall ein, entsteht ihm folglich ein Schaden in Höhe der Differenz. Sie beträgt 10,7 Mio. €. Wenn diese Summe Existenz gefährdend ist, wird unter regulären Umständen kein Unternehmer bereit sein, hierfür eine 40-prozentige Wahrscheinlichkeit in Kauf zu nehmen.

Freilich genügt in diesem einfachen Beispiel ein kurzer Blick in die Tabelle, um diesen Sachverhalt zu erkennen. In der PPP-Realität stellt sich die Situation indessen deutlich komplexer dar, weil sehr vielfältige Risiken letzten Endes in einem Zuschlag zusammengefasst werden. In Abschn. 6.3 wird sich zeigen, dass eine methodische Verbesserung der Risikobewertung bereits unter Verwendung derselben Eingangsdaten, die für das Zuschlagverfahren benötigt werden, wertvolle Erkenntnisgewinne mit sich bringt.

6.2.4 Berücksichtigung von Wirkungszusammenhängen zwischen Einzelrisiken

Das Zuschlagverfahren setzt ein sehr hohes Know-how des Bewertenden voraus, da er sämtliche wechselseitige Abhängigkeiten der Einzelrisiken (Korrelationen) im Rahmen der Risikobewertung berücksichtigen muss. Es ist genauestens zu analysieren, welche Wirkungszusammenhänge bestehen, die aus einem Risikoeintritt resultieren, sodass gegebenenfalls mehrere Risikozuschläge für den Eintritt eines Risikos gebildet werden müssen. Beispielsweise führt das Auftreten eines schlechteren Baugrundes direkt zu höheren Kosten für die Gründung und den Bau des Untergeschosses. Indirekt resultieren daraus Terminrisiken, die durch die verspätete Fertigstellung zum Tragen kommen, indem etwa Provisorien geschaffen werden müssen oder Vertragsstrafen zu zahlen sind.

Andererseits besteht die Gefahr, dass es durch die Einzelbetrachtung der Risiken zu einer Überzeichnung des Gesamtprojektrisikos kommt, wenn beispielsweise eine negative Abhängigkeit zwischen einzelnen Unsicherheitsfaktoren besteht. Stellt sich beispielsweise die Auslastung einer Immobilie schlechter als erwartet dar, ist gleichzeitig mit geringeren Bewirtschaftungskosten zu rechnen als im Falle der Vollauslastung.

6.2.5 Zwischenergebnis: Zuschlagverfahren bedarf ergänzender Risikobewertungen

Im Ergebnis ist festzuhalten, dass die alleinige Anwendung des Zuschlagverfahrens Probleme aufweist. Vor allem die Verdichtung der Informationen hinsichtlich der möglichen Schadenshöhen und der Eintrittswahrscheinlichkeiten auf im Endeffekt einen Wert, den Erwartungswert, führt zu Problemen bei der Beurteilung der Risiken. Es bleibt festzuhalten, dass der Risikozuschlag kein adäquates Maß für das tatsächliche Risiko sein kann, da er keine Bewertung der Bandbreite möglicher Schadenshöhen vornimmt.[4] Gleichwohl ist die Ermittlung des Risikos mittels Zuschlagverfahrens besser als die komplette Vernachlässigung des Risikos bei den Entscheidungen der Parteien.

Trotz der aufgezeigten methodischen Schwächen muss zur Kenntnis genommen werden, dass das Zuschlagverfahren (ggf. in Verbindung mit Szenario-Analysen) in der PPP-Praxis regelmäßig zur abschließenden Bewertung der Risiken für die Wirtschaftlichkeitsuntersuchungen herangezogen wird, obwohl in den Leitfäden explizit auch die Verwendung komplexerer Verfahren, wie die Anwendung der simulativen Risikoanalyse empfohlen wird.

6.3 Ausgewählte alternative Verfahren der Risikobewertung

Da das Zuschlagverfahren mit Schwächen behaftet ist, stellt sich die Frage, durch welche alternativen Methoden sich eine präzisere und vollständigere Bewertung der Risikosituation sicherstellen lässt, die diese Schwächen einerseits nicht auf-

[4] Vgl. Pfnür u. Eberhardt (2006, S. 168).

weisen, aber andererseits für PPP-Projekte praktikabel sind. Unter Beachtung der Anforderungen aus Abschn. 6.1 muss das betreffende Verfahren an erster Stelle eine methodisch korrekte und vollständige Bewertung der zwischen den Partnern verteilten Projektrisiken ermöglichen, sodass die Partner in der Folge eine individuelle Einschätzung der Risikosituation hinsichtlich ihrer Risikopräferenz treffen können. Zudem sollte auch eine Beurteilung der Risiken, die aus dem Verhalten anderer Projektakteure resultieren, den Partnerrisiken, erfolgen können. Da opportunistische Verhaltensweisen entgegen der partnerschaftlichen Maxime vornehmlich dann zu erwarten sind, wenn Abweichungen vom Plan eintreten, lassen sie sich nur antizipieren, wenn die Menge aller denkbaren Szenarien möglichst aussagekräftig wiedergegeben wird. In den Leitfäden wird hier explizit die Anwendung der Sensitivitätsanalyse und der simulativen Risikoanalyse empfohlen.[5] Auf die genannten Verfahren soll im Folgenden näher eingegangen werden.

6.3.1 Sensitivitätsanalyse

Die Sensitivitätsanalyse ist eine Methode, die es ermöglicht, die Robustheit der Ergebnisgröße in Abhängigkeit von den verschiedenen unsicherheitsbehafteten Eingangsgrößen der Finanzplanung zu überprüfen. Die Sensitivitätsanalyse stellt insofern keine Methode dar, um Risikokosten zu bewerten. Vielmehr ist es mit ihrer Hilfe möglich, einen detaillierten Einblick in die Wirkungsweise der unsicherheitsbehafteten Parameter zu erlangen. Nach der Herangehensweise und den Ergebnissen ist bei Sensitivitätsanalysen zwischen der Alternativenrechnung und der Methode der kritischen Werte zu unterscheiden.

1 Alternativenrechnung

In der Basisform der Sensitivitätsanalyse dient die Alternativenrechnung dazu, durch Variation einer unsicheren Variablen, deren Einfluss auf die Zielgröße zu ermitteln. Beispielsweise kann im Rahmen von PPP-Projekten auf diese Weise untersucht werden, welche Änderung der Barwert erfährt, wenn ein unsicherheitsbehafteter Parameter, wie z. B. die Investitionskosten, ausgehend von einem quasisicheren Wert variiert wird.

Die Ergebnisse einer Sensitivitätsanalyse mit der Alternativenrechnung sollen im Folgenden beispielhaft dargestellt werden. Im Beispiel werden geplante Investitionskosten von 25 Mio. €, die in einem Jahr realisiert werden, prognostiziert. Weiterhin werden Bewirtschaftungskosten von 5 Mio. € für die anschließende 12 Jahre andauernde Betriebsphase geplant. Der Einfachheit und der besseren Interpretierbarkeit der Ergebnisse halber, werden nur die Investitionskosten als unsicher angenommen und auf eine Diskontierung der Ergebnisse verzichtet. Hinsichtlich aller

[5] Vgl. BMVBW (2003b, S. 15 ff.).

Tab. 6.3 Beispielhafte Sensitivitätsanalyse (Alternativenrechnung)

Investitionskosten (variierte Größe)	15 Mio. €	20 Mio. €	25 Mio. €	30 Mio. €	35 Mio. €
Gesamtkosten (Ergebnisgröße)	75 Mio. €	80 Mio. €	85 Mio. €	90 Mio. €	95 Mio. €

Quelle: Eigene Darstellung.

anderen Daten besteht in dem vereinfachten Beispiel Sicherheit. Es wird von fünf verschiedenen Szenarien für die Höhe der Investitionskosten ausgegangen, wobei als Untergrenze 15 Mio. € angenommen werden und mit maximalen Investitionskosten von 35 Mio. € gerechnet werden kann. In Tab. 6.3 sind die Ergebnisse der Alternativenrechnung dargestellt.

Im einfachen Beispiel wird deutlich, dass eine Veränderung der Investitionskosten um 20% von 25 auf 30 Mio. € eine Veränderung der Gesamtprojektkosten um ca. 6% zur Folge hat.

Die Darstellung der Ergebnisse einer Sensitivitätsanalyse kann am besten mittels eines Tornadodiagramms erfolgen.[6] Dabei wird für alle unsicherheitsbehafteten Parameter die Abweichung der Ergebnisgröße bei einer definierten Abweichung der Eingangsparameter aufgetragen. In Abb. 6.1 sind neben der oben beschriebenen Abweichung der Investitionskosten beispielhaft die Abweichungen der Gesamtkosten für weitere Eingangsgrößen aufgetragen, die durch eine Variation der Eingangsparameter um +/−20% auftreten. Bei einer Darstellung mehrerer unsicherheitsbehafteter Parameter in einem Tornadodiagramm wird somit sehr deutlich sichtbar, welcher der Eingangsparameter den größten Einfluss auf die Ergebnisgröße hat und somit genauer untersucht werden sollte.

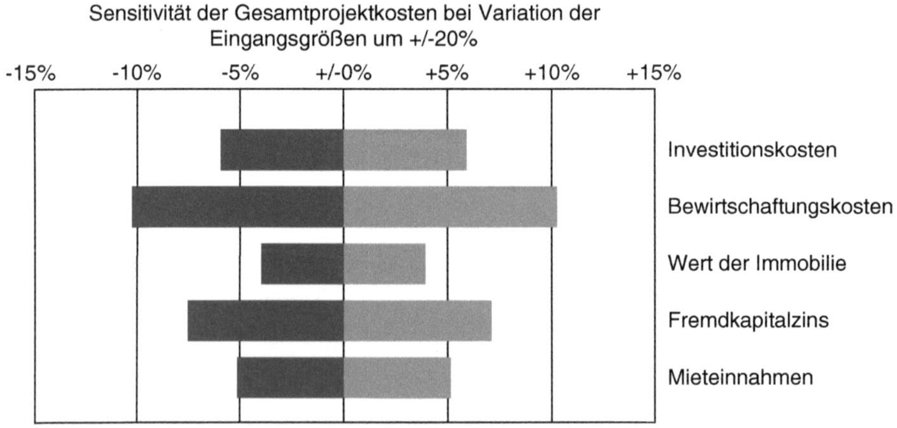

Abb. 6.1 Tornadodiagramm (Quelle: Eigene Darstellung)

[6] Vgl. Pfnür (2004, S. 239).

Wenn mehrere Eingangsparameter der Kalkulation gleichzeitig variiert werden, ist von einer Szenario-Analyse zu sprechen. Der Anwender wird für die wesentlichen bzw. für sämtliche Variablen z. B. drei verschiedene Ausprägungen ableiten, eine besonders ungünstige, eine erwartete und eine besonders günstige. Auf diese Weise erhält er drei Varianten seiner Ergebnisgrößen und somit eine Aussage darüber in welchen Bandbreiten sich seine Investition abspielen könnte.

2 Methode kritischer Werte

Ein anderes Verfahren der Sensitivitätsanalyse ist die Methode der kritischen Werte. Dabei wird ein kritischer Wert der Ergebnisgröße bestimmt, und davon ausgehend, der gerade noch tolerierbare Wert einer Eingangsgröße zurückgerechnet. Beispielweise kann so analysiert werden, bei welchem Diskontierungszins (Eingangsgröße) der Barwert (Ergebnisgröße) einer Beschaffungsvariante mindestens noch den kritischen Wert erreicht. Der betreffende Parameter ist so lange zu variieren, bis die Ergebnisgröße gerade das Niveau des kritischen Werts einnimmt (z. B. das vergleichbare Ergebnis einer Investitionsalternative). Im oben genannten Beispiel könnte so der Frage nachgegangen werden, bei welchem Investitionsvolumen der maximal für akzeptabel gehaltene Wert der Gesamtprojektkosten von 90 Mio. € noch realisiert würde. Die Ergebnisse der Tab. 6.3 zeigen, dass dazu maximal 30 Mio. € Investitionskosten anfallen dürften.

3 Kritische Würdigung des Verfahrens

Mit der Sensitivitätsanalyse ist es möglich, über die Ergebnisse eines Zuschlagverfahrens hinaus die isolierten unsicherheitsbehafteten Parameter genauer zu untersuchen, was in der Folge eine verbesserte Bewertung der Risikosituation zulässt. Es kann mit den Ergebnissen der Sensitivitätsanalyse eine Aussage getroffen werden, welche möglichen Ergebnisgrößen aus einer Variation der Eingangsparameter resultieren können. Darüber hinaus besteht allerdings auch mit der Sensitivitätsanalyse nicht die Möglichkeit, detailliertere Aussagen hinsichtlich der Wahrscheinlichkeit eines Eintrittsszenarios treffen zu können. Es ist in diesem Zusammenhang als unbefriedigend anzusehen, dass es möglich ist, zwar Bandbreiten für die Abweichungen der Ergebnisgröße anzugeben, aber keine Aussage darüber zu erhalten, mit welcher Wahrscheinlichkeit die Extremsituationen eintreten können.[7]

Überdies fußt eine interpretationsfähige Sensitivitätsanalyse nach der Methode kritischer Werte regelmäßig auf der Einzelvariation der verschiedenen Eingangsparameter (um wie viel dürfen die Baukosten maximal steigen, bevor ein Verlust realisiert wird?). Ein PPP-Projekt wird aber von einer Vielzahl von unsicheren Größen betroffen sein, so dass die Aussagekraft der Sensitivitätsanalyse eingeschränkt bleibt.

---

[7] Vgl. Franke u. Hax (2004, S. 259).

6.3.2 Simulative Risikoanalyse

Die Risikoanalyse ist ein Verfahren, welches aus der Investitionsrechnung hervorgeht. Das Verfahren ermöglicht es, aus den Wahrscheinlichkeitsverteilungen der unsicherheitsbehafteten Eingangsparameter durch Simulation eine Verteilung der Ergebnisgröße (bspw. des Barwertes einer Beschaffungsvariante) zu generieren.

1 Funktionsweise einer simulativen Risikoanalyse

Bei der simulativen Risikoanalyse können die *gleichen Eingangsdaten* wie bei dem zuvor erläuterten Zuschlagverfahren verwendet werden. Ausschließlich die rechnerische Weiterverarbeitung der Daten unterscheidet sich vom Zuschlagverfahren. Die nachfolgende Abb. 6.2 beschreibt den Ablauf der simulativen Risikoanalyse.

1. Auswahl der unsicherheitsbehafteten Parameter (z.B. Baukosten, Betriebskosten, FK-Zins).
2. Schätzung von Wahrscheinlichkeitsfunktionen der unsicherheitsbehafteten Parameter aus empirischen Daten oder mittels Expertenbefragung. Die Ergebnisse können entweder diskrete Häufigkeitsverteilungen oder allgemeine theoretische Verteilungen sein, welche den erwarteten Funktionsverlauf bestmöglich approximieren. Die Angabe von Wahrscheinlichkeitsverteilungen entspricht dem intuitiven Vorgehen eines Entscheidungsträgers bei der Prognose der Perioden-Cash-flows im Rahmen der Investitionsrechnung. Empirische Ergebnisse zeigen, dass insbesondere Immobilieninvestoren mit der Angabe von Verteilungsfunktionen vertraut sind und sich derartige Schätzungen regelmäßig gut zutrauen.
3. Sind die Funktionsverläufe der Häufigkeitsverteilungen zweier oder mehrerer unsicherheitsbehafteter Variablen voneinander abhängig, so müssen diese Abhängigkeiten bei der weiteren Verarbeitung des Inputs Berücksichtigung finden. Einfache und wirkungsvolle Methoden sind die Angabe von bedingten Wahrscheinlichkeiten oder Korrelationskoeffizienten.
4. Aus den Verteilungsfunktionen wird mit Hilfe von Zufallszahlengeneratoren im nächsten Schritt ein Wertetupel bestehend aus je einem Wert jeder Verteilungsfunktion gezogen. Die Ziehung beispielsweise nach der Monte-Carlo- oder Latin-Hypercube-Methode berücksichtigt dabei die vom Entscheidungsträger angegebenen Häufigkeiten sowie die gegebenenfalls in Schritt drei erkannten Abhängigkeiten der Variablen. Die gezogenen Werte werden in die o. a. Finanzplanung eingesetzt. Das Ergebnis wird berechnet und in einem Speicher abgelegt. Dieser Prozess wird so oft wiederholt, bis die entstandene Ergebnisverteilung sich durch weitere Wiederholungen nicht mehr entscheidend verändert, also stabil ist.
5. Die Menge der Ergebnisse lässt sich mit Hilfe eines Histogramms in Klassen einteilen. Eine grafische Aufbereitung der Ergebnisse erlaubt die Darstellung von Ergebnisverteilungen in Kurvenform. Ebenso können Kennzahlen gebildet werden, die Rückschlüsse auf Chancen, Risiken und erwartete Werte zulassen.

Abb. 6.2 Ablauf der simulativen Risikoanalyse (Quelle: Pfnür u. Eberhardt (2006, S. 170))

2 Kritische Würdigung des Verfahrens

Im Gegensatz zum Zuschlagverfahren finden bei der simulativen Risikoanalyse alle Informationen eines unsicherheitsbehafteten Parameters ihre Berücksichtigung in der Bewertungsmethodik. Während die Chancen und Risiken bei der Anwendung des Zuschlagverfahrens nur mit einem Wert (Risikozuschlag bzw. dem Erwartungswert der Verteilung) in die Kostenkalkulation eingeflossen sind, gehen nun alle möglichen Szenarien in die Berechnung ein. Im Ergebnis resultiert durch die Mehrwertigkeit der Eingangsdaten eine Verteilungsfunktion der Ergebnisgröße bzw. ein Risikoprofil. Diese lässt weitaus differenziertere Aussagen über die Risikosituation und das aus privatwirtschaftlicher Sicht zu budgetierende Risikokapital zu. Beispielsweise kann aus dem Risikoprofil einer Investitionsalternative eine Aussage abgeleitet werden, mit welcher Wahrscheinlichkeit der Barwert einer Beschaffungsvariante über einem als Minimum definierten Wert liegen wird.[8]

Das folgende Beispiel soll die mannigfaltigen Möglichkeiten der entscheidungsorientierten Ergebnisaufbereitung verdeutlichen, die aus den Ergebnissen der simulativen Risikoanalyse resultieren. Dazu wird wiederum auf das Modell aus Abschn. 3.3 zurückgegriffen. Bei geplanten Investitionskosten von 25 Mio. €, die in einem einzigen Jahr anfallen, werden weiterhin Bewirtschaftungskosten von 5 Mio. € für die anschließende 12 Jahre andauernde Betriebsphase unterstellt. Für die Bewirtschaftungskosten wird eine Indexierung um 3% jährlich angenommen. Hinsichtlich der Investitions- und der Bewirtschaftungskosten wird eine Unsicherheit in der Prognose unterstellt. Für die Investitionskosten wird auf die in Tab. 6.4 dargestellten Schadenszenarien und Eintrittswahrscheinlichkeiten zurückgegriffen werden.

Für die indexierten Bewirtschaftungskosten sollen in jedem einzelnen Jahr die in Tab. 6.5 dargestellten Unsicherheiten im Modell berücksichtigt werden.

Bei Anwendung des Zuschlagverfahrens würden Gesamtkosten in Höhe von 99,2 Mio. € resultieren. Dabei wären für den unsicherheitsbehafteten Parameter der Investitionskosten in der Bauphase ein Risikozuschlag von 1,8 Mio. € und für die Bewirtschaftungskosten insgesamt ein Risikozuschlag von 1,4 Mio. €, verteilt über die 12 Projektjahre, im Finanzplan zu berücksichtigen. Bei geplanten Gesamtkosten ohne Risikozuschlag von 96 Mio. € scheint das Risiko der Investitionsalternative somit überschaubar zu sein.

Tab. 6.4 Verteilung der Investitionskosten

Planabweichung Investitionskosten	−5%	−3%	0%	10%	25%
Höhe Investitionskosten	23.750.000	24.250.000	25.000.000	27.500.000	31.250.000
Wahrscheinlichkeit	5%	10%	30%	40%	15%

Quelle: Eigene Darstellung.

[8] Vgl. Adam (2000, S. 363).

Tab. 6.5 Verteilung der Bewirtschaftungskosten

Planabweichung BWK	−20%	−10%	0%	10%	20%
Höhe der BWK (erstes Betriebsj.)	4.000.000	4.500.000	5.000.000	5.500.000	6.000.000
Wahrscheinlichkeit	10%	20%	30%	20%	20%

Quelle: Eigene Darstellung.

Demgegenüber offenbart eine einfache simulative Risikoanalyse mit denselben Schadensszenarien und Eintrittswahrscheinlichkeiten einen deutlichen Informationsgewinn. Das Ergebnis nach 1.000 Wiederholungen stellt sich wie folgt dar (siehe Abb. 6.3).

In der linken Abbildung ist die Verteilungsfunktion der Gesamtkosten ersichtlich. Daraus ist zu entnehmen, dass die Gesamtkosten des Projekts zwischen mindestens 90,2 Mio. € und höchstens 108,8 Mio. € liegen können. Die rechte Abbildung verdeutlicht in der kumulierten Darstellung das so genannte Risikoprofil der PPP. Den Grafiken ist zu entnehmen, dass der kalkulierte Wert der Gesamtkosten inklusive Risikozuschlag von 99,2 Mio. € (rechte Vertikalmarkierung) in rund der Hälfte aller Fälle realisiert oder unterschritten, andernfalls aber überschritten wird. Die linke Vertikalmarkierung kennzeichnet die Plankosten exklusive Risikozuschlag (96 Mio. €). Die Wahrscheinlichkeit, dass dieser Wert erreicht oder unterboten wird, beträgt 18,1%. Insofern bewirken die Risikozuschläge eine Verschiebung der kalkulierten Basiskosten auf das statistische Erwartungswertniveau (den Business-Case). Dabei drängt sich die Frage auf, wie ebendiese Basiskosten im mathematischen Sinne zu verstehen sind. Keinesfalls handelt es sich nämlich um sichere (risikolose) Werte, die unter allen Umständen benötigt werden.

Überdies ermöglicht die simulative Darstellung der Risiken die einfache Bestimmung von beliebigen Quantilswerten, das heißt man könnte beispielsweise ablesen, wie hoch die Kosten mit einer Wahrscheinlichkeit von 95% höchstens ausfallen werden.

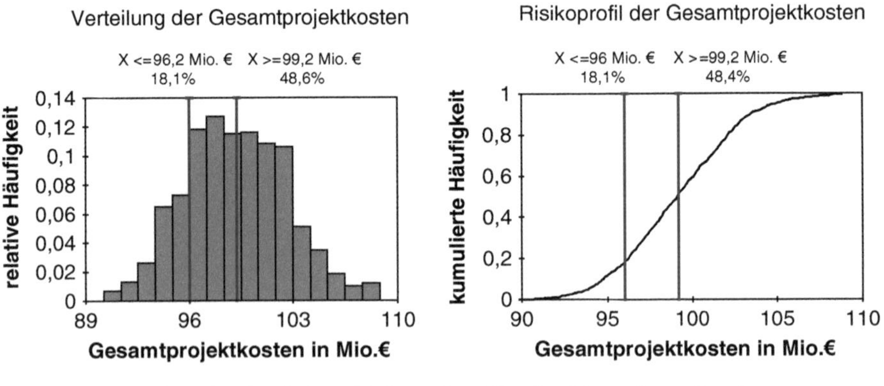

Abb. 6.3 Ergebnisse der simulativen Risikoanalyse (Quelle: Eigene Darstellung)

Das Beispiel lässt sich nun sehr leicht auf eine konkrete PPP-bezogene Fragestellung ummünzen. Der Leser stelle sich vor, die oben genannten modellhaften Eingangsdaten dienten der Ermittlung eines Public Sector Comparators im Zuge der Wirtschaftlichkeitsuntersuchung. Diesem ist das wirtschaftlichste, am Markt erzielte PPP-Angebot gegenüberzustellen, das 95 Mio. € betragen soll. Demnach beläuft sich der Effizienzgewinn der PPP-Beschaffung gegenüber einer konventionellen Realisierung auf 4,2 Mio. € oder 4,2%. Soweit lässt sich das Ergebnis auch aus dem Zuschlagverfahren ableiten. Mithilfe der Simulation kann darüber hinaus z. B. die Wahrscheinlichkeit, dass die PPP die unwirtschaftlichere Variante darstellt, ermittelt werden. Sie beträgt in diesem Beispielfall ca. 10%.

Andererseits könnte man die Betrachtung umkehren und nach dem Wirtschaftlichkeitsvorteil am anderen Ende der Verteilung fragen. Geht man im Risikoprofil von der Skala auf der Y-Achse bei 0,9 (entspricht 90%) nach rechts bis an den Graphen, erhält man Kosten von ca. 104 Mio. €. Dies bedeutet, dass die Kosten der konventionellen Realisierung mit einer Wahrscheinlichkeit von 90% unterhalb von 104 Mio. € ausfallen werden, oder aber: In 10% der für möglich erachteten Szenarien wird ein Effizienzvorteil von mindestens 9 Mio. € (8,7%) erzielt.

Schon das sehr vereinfachte Beispiel einer simulativen Risikoanalyse macht deutlich, dass die Ergebnisse zu einer viel detaillierteren, plastischeren Einschätzung der Risikosituation einer PPP führen. Es darf nicht übersehen werden, dass die Realität gleichsam unendlich viele Möglichkeiten der Entwicklung eines PPP-Modells bereithält. Warum aber sollte vor diesem Hintergrund, beispielhaft bezogen auf die Frage des Effizienzgewinns, eine einzige Prozentangabe diesen glaubwürdig vermitteln können? Intuitiv wird ein aufmerksamer Betrachter den Rückschluss ziehen, dass damit eine unzulässige Vereinfachung der Wirklichkeit einhergeht. Letzten Endes vergeben die Protagonisten im konkreten Anwendungsfall damit auch die Chance, die nach Ansicht der Verfasser unzweifelhaften Vorteile einer PPP-Beschaffung überzeugend in die Öffentlichkeit zu transportieren.

3 Zur praktischen Anwendbarkeit des Verfahrens

Im Ergebnis der Betrachtungen stellt sich die Frage, aufgrund welcher Tatsache die Anwendung der simulativen Risikoanalyse in der derzeitigen Projektpraxis noch eher selten erfolgt, obwohl eine explizite Empfehlung im Leitfaden des BMVBW ausgesprochen wird.[9] Die Analysemöglichkeiten eines Finanzplans hinsichtlich der mit einem Projekt verbundenen Risiken sind in weitaus differenzierterer Weise möglich, als das mit dem Zuschlagverfahren der Fall ist. Das häufig angeführte Problem der fehlenden Eingangsdaten ist unzutreffend, da eine aussagekräftige simulative Risikoanalyse bereits mit der für das Zuschlagverfahren erforderlichen Datengrundlage möglich ist. Inwieweit dann mit feineren Annahmen zu arbeiten ist, also etwa stetige statt diskrete Wahrscheinlichkeitsverteilungen zum Einsatz kommen, kann fallweise entschieden werden.

[9] Vgl. BMVBW (2003b, S. 15ff.).

Die Durchführung der simulativen Risikoanalyse ist außerdem in methodisch einwandfreier Weise mit verschiedenen Plugins in allen gängigen Tabellenkalkulationsprogrammen problemlos möglich. Zur Durchführung der simulativen Risikoanalyse können beispielsweise die Excel®-Plugins @Risk der Firma Pallisade oder Crystal Ball der Firma Oracle verwendet werden. Diese sind schon für einen Preis von ca. 1.500 € erhältlich. Entgegen einer Finanzplanung unter Sicherheit sind ausschließlich Verteilungsfunktionen für die unsicherheitsbehafteten Parameter und fakultativ etwaige Korrelationen anzugeben. Die Durchführung der Analyse erfolgt im Anschluss auf Knopfdruck. Insofern kommt auch das häufig vorgebrachte Argument nicht zum Tragen, dass die Anwendung der simulativen Risikoanalyse einen unverhältnismäßig hohen Aufwand verursacht. Die Vorgehensweise bei der Anwendung der simulativen Risikoanalyse in Tabellenkalkulationsprogrammen ist in Abb. 6.4 dargestellt.

1. Auswahl der unsicherheitsbehafteten Parameter (z.B. Baukosten, Betriebskosten, FK-Zins) im Cash-Flow Modell.
2. Schätzung von Wahrscheinlichkeitsfunktionen der unsicherheitsbehafteten Parameter aus empirischen Daten oder mittels Expertenbefragung. Liegen keine empirischen Daten vor, sind diskrete Wahrscheinlichkeitsverteilungen anzugeben. Dabei sind für verschiedene Schadensszenarien (bspw. fünf verschiedene) die Wahrscheinlichkeiten anzugeben. Die beschriebene Vorgehensweise stellt sich analog der des Zuschlagverfahrens dar.
3. Auswahl der Felder im Cash-Flow-Modell, die unsicherheitsbehaftete Variablen (z.B. Baukosten im ersten Projektjahr) beinhalten. Diese sind mit den in Risikoworkshops oder aus Vergangenheitsdaten ermittelten Verteilungsfunktionen (siehe Ziffer 2.) zu versehen. Hier kann entweder auf hinterlegte Verteilungen zurückgegriffen werden (sofern Erfahrungen bestehen, nach welchem Muster die Eingangsgröße verteilt ist – bspw. eine Betaverteilung für die Baukosten), oder es können die diskreten Verteilungen, die für die Berechnung des Risikozuschlags verwendet werden, eingegeben werden.
4. Wahl der Ergebnisgröße, für die eine Häufigkeitsverteilung erzeugt werden soll. Im PPP-Anwendungsfall ist hier die Zelle des Barwerts der Investitionsalternative als Ergebnisfeld zu kennzeichnen. Folglich wird für dieses Feld im Ergebnis der Risikoanalyse eine Verteilung der möglichen Barwerte ausgegeben.
5. Falls Korrelationen zwischen Eingangsgrößen vorliegen, sind diese durch einen Korrelationskoeffizienten zu berücksichtigen. Bei einer negativen Korrelation (bspw. ist der Gebäudeleerstand negativ mit den Bewirtschaftungskosten korreliert) ist ein Wert zwischen -1 und 0 zu wählen. Im Falle einer positiven Korrelation ist ein Wert zwischen 0 und 1 zu wählen.
6. Anzahl der Simulationsdurchläufe wählen und Simulation per Knopfdruck starten. Das Ergebnisfenster hält in wenigen Sekunden alle möglichen Ausprägungen der Ergebnisgröße bereit.
7. Wahl der Ergebnisdarstellung. An dieser Stelle kann mit einem Mausklick die Ergebnisdarstellung in Form einer Häufigkeitsverteilung oder eines kumulierten Risikoprofils gewählt werden. Auch die Darstellung der Sensitivitäten der einzelnen unsicherheitsbehafteten Parameter ist mit einem Mausklick möglich.
8. Interpretation der Ergebnisse, idealerweise unter Hinzuziehung der befragten Experten.

Abb. 6.4 Vorgehensweise bei der Anwendung der simulativen Risikoanalyse (Quelle: Eigene Darstellung)

Aus technischer Sicht sind der Anwendung der simulativen Risikoanalyse keine Grenzen gesetzt. Mit den angesprochenen Plugins ist ein Simulationsdurchlauf auf Arbeitsplatzrechnern der neuesten Generation in kürzester Zeit möglich.

Die derzeit in der PPP-Projektpraxis anzutreffende Abneigung gegenüber dem Verfahren dürfte daher eher im Unverständnis des Verfahrens seitens der Anwender begründet liegen. Die Vorteile der simulativen Risikoanalyse sind nicht von der Hand zu weisen und die vielfach aufgeführten Gegenargumente erscheinen unbegründet. Vielmehr ist angesichts der Verbreitung der Methode in verwandten Branchen wie der Immobilien- und Finanzwirtschaft zu wünschen und davon auszugehen, dass auch in der PPP-Praxis eine verstärkte Hinwendung zur simulativen Risikoanalyse erfolgen wird.

6.4 Risikomaße

Die Investitionsrechnung liefert unter Zuhilfenahme der simulativen Risikoanalyse für beide Investitionsvarianten (PPP-Variante und konventionelle Realisierung) letzten Endes Wahrscheinlichkeitsverteilungen des Kapitalwertes auf deren Basis eine Entscheidung bezüglich der Vorteilhaftigkeit einer der Varianten zu treffen ist. Die individuelle Beurteilung der Ergebnisgrößen-Verteilungen ist allerdings nicht immer ohne weiteres anhand subjektiver Kriterien möglich und auch nicht zu empfehlen. Eine fundierte Bewertung der Verteilungen kann nur anhand von Kennzahlen erfolgen, die eine Analyse der Häufigkeitsverteilungen zulassen und die in der Folge eine objektive Vergleichbarkeit der Investitionsalternativen billigen.

Einen ersten Anhaltspunkt zum vorliegenden Datenmaterial liefern statistische Lageparameter wie der Erwartungswert einer Verteilung. Durch den Erwartungswert erfolgt eine Aussage welchen Wert die Ergebnisgröße im gewichteten Mittel annimmt. Im Zuge der Auseinandersetzung mit dem Zuschlagverfahrens wurde allerdings festgestellt, dass diese Kennzahl lediglich als Ausgangspunkt der Risikobetrachtung zu sehen ist und keinesfalls ausreicht, um das Risiko einer Investitionsalternative im Entscheidungsprozess zu berücksichtigen, da mit dem Erwartungswert keine Aussage über die Möglichkeit der Abweichung vom Mittelwert erreicht wird. Insofern muss auf zusätzliche Kennzahlen, die eine belastbare Analyse der Streuung um den Erwartungswert zulassen, so genannte Risikomaße, zurückgegriffen werden. Diese ermöglichen erst die Charakterisierung und Interpretation einer Wahrscheinlichkeitsverteilung hinsichtlich der Risikostruktur.

Im Folgenden sollen daher einige wichtige Risikomaße vorgestellt werden, die es ermöglichen die Risikostruktur einer Investitionsalternative zu bewerten und basierend darauf einen objektiven Vergleich mit weiteren Investitionsalternativen zu gewährleisten.

6.4.1 Varianzbasierte Risikomaße

Zur Beschreibung aller möglichen Abweichungen vom Erwartungswert wird bei der Analyse von Häufigkeitsverteilungen in erster Linie auf die Streuungsmaße Standardabweichung und Varianz zurückgegriffen (zweites Moment der Wahrscheinlichkeitsverteilung).

Die *Varianz* ist ein gebräuchliches Maß, um die Streuung um einen Erwartungswert zu kennzeichnen. Dabei werden Abweichungen in positiver und negativer Richtung berücksichtigt. Die Varianz ist ein Maß für die gemittelte, quadratische Abweichung einer Zufallsvariable von deren Erwartungswert. Insofern drückt sie das unmittelbare Risiko einer Ergebnisgröße aus.

Gleichwohl weist die Varianz eine Schwäche auf. Durch die Quadrierung der Abweichungen vom Erwartungswert erscheint sie nicht mehr hinreichend transparent und eine intuitive Interpretation der Größe ist dadurch nicht mehr möglich. Diese Schwäche wird von der *Standardabweichung* überwunden, die rein mathematisch die Wurzel der Varianz darstellt. Infolgedessen hat die Standardabweichung die gleiche Dimension wie der Erwartungswert und kann somit auch prozentual ausgedrückt und leichter interpretiert werden. Sie ist der Mittelwert aller möglichen Abweichungen vom Erwartungswert.

Die dargelegten Streuungsparameter ermöglichen es, in der Folge eine differenziertere Beurteilung der Einzelinvestition vorzunehmen. Weiterhin ist es mit ihnen möglich, einen risikobezogenen Vergleich zweier Investitionsalternativen, beispielsweise der konventionellen Realisierung und der PPP-Variante, vorzunehmen. Dabei ist neben dem Erwartungswert die Standardabweichung bzw. die Varianz in die Entscheidungsfindung mit einzubeziehen. Je höher die Varianz bzw. die Standardabweichung einer Verteilung ausfällt, desto höher ist das Risiko, welches mit der Investitionsalternative einhergeht.[10]

Insofern ist bei Gleichheit der Erwartungswerte zweier Investitionsalternativen, aus Sicht eines risikoaversen Entscheidungsträgers diejenige positiver zu bewerten, die die geringere Standardabweichung bzw. Varianz aufweist. Die beiden in Abb. 6.5 dargestellten beispielhaften Verteilungsfunktionen einer Ergebnisgröße weisen den gleichen Erwartungswert von 0 auf. Ein risikoaverser Entscheidungsträger müsste sich somit für die schmal ausgeprägte rote Verteilung mit einer Standardabweichung von 1 gegenüber der blauen Verteilung mit der Standardabweichung von 3 entscheiden, da sie mit weitaus geringeren Risiken behaftet ist.

Auch dieser Sachverhalt lässt sich leicht auf ein konkretes Beschaffungs-Problem der Öffentlichen Hand beziehen. Die breit gestreute Verteilung könnte (idealisiert) für eine ganz klassische Beschaffung stehen, während die schmale Ausprägung eine PPP charakterisieren könnte, bei der manche Risiken nur teilweise transferiert werden. Beide Lösungen würden erwartungsgemäß den Vorhabensträger gleichviel kosten. Trotzdem müsste er sich für die PPP-Variante entscheiden, da die Öffentliche Hand, wie weiter oben ausgeführt, Risiken möglichst vermeiden sollte.

---

[10] Vgl. Perridon u. Steiner (2007, S. 100).

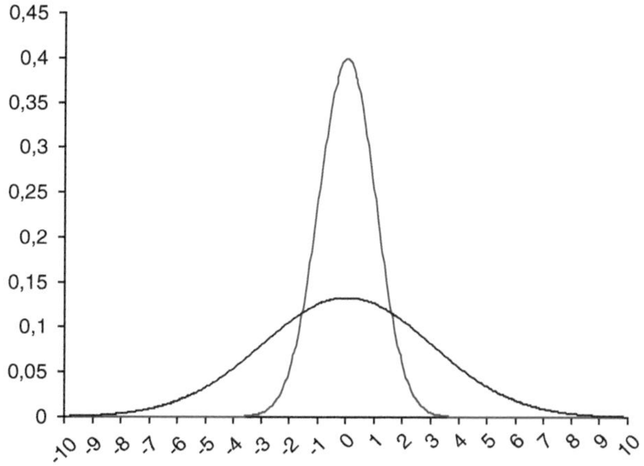

Abb. 6.5 Beispielhafter Vergleich zweier Investitionsalternativen (Quelle: Eigene Darstellung)

Anzumerken bleibt in diesem Zusammenhang, dass ein privater Entscheidungsträger, der vor zwei derartigen Investitionsmöglichkeiten steht, selbstverständlich auch bewusst das Risiko suchen und sich demzufolge genau andersherum entscheiden kann. Er hat mit der riskanteren Variante eine höhere Gewinnchance und gleichzeitig ein größeres Verlustpotential. In der Realität dürfte eine solche Risikofreude allerdings selten anzutreffen sein, vielmehr werden private Individuen im Regelfall die riskantere Variante nur wählen, wenn sie ihnen eine adäquate Risikoprämie in Aussicht stellt.

Ebenso könnten die beiden Verteilungen für die Kosten einer PPP-Lösung stehen, die einerseits als Projektfinanzierung und andererseits als Forfaitierungsmodell umgesetzt werden kann. Forfaitierungsmodelle gehen nach allgemeinem Verständnis mit höheren Risiken für die Öffentliche Hand einher, während Projektfinanzierungen im Regelfall aufgrund ihrer höheren Kapitalkosten für etwas teurer erachtet werden. Demnach müsste die schmalere Verteilung in diesem Fall etwas nach rechts verschoben werden. Die Erwartungswerte wären nun nicht mehr deckungsgleich.

Bei den Verteilungen fällt auf, dass beide symmetrisch sind. In Bezug auf PPP-Anwendungsfälle ist deswegen zu kritisieren, dass solche regelmäßig nicht durch spiegelbildliche Chancen-Risikoprofile gekennzeichnet sind. Man kann sich intuitiv vorstellen, dass Kostenüberschreitungen nach oben praktisch keine Grenzen gesetzt sind, während nach unten die Luft sehr schnell dünn wird. Dies gilt gleichermaßen für die Öffentliche Hand wie die Privatwirtschaft. Das heißt, in der Realität wird eine Verteilungsfunktion des Effizienzvorteils oder des privaten Gewinns aus dem PPP-Auftrag asymmetrisch verlaufen. In solchen Fällen verliert die Standardabweichung ihre Relevanz als zuverlässiges Risikomaß und kann zu Fehlschlüssen führen.[11] Es bieten sich stattdessen einseitige bzw. ausfallorientierte Risikomaße an, wie der Value at Risk, der nachfolgend erläutert wird.

[11] Vgl. Franke u. Hax (2004, S. 267 ff.).

6.4.2 Value at Risk

Der **Value at Risk (VaR)** ist eine einseitige statistische Größe der Finanzmathematik. Als ausfallorientierte Kennzahl geht er von einer Definition des Risikos als Möglichkeit der unerwarteten negativen Entwicklung aus, und wird demnach auch als downside Risikomaß bezeichnet.[12]

Der VaR beschreibt die Schwelle des maximal zu erwartenden Verlustes einer Investition, die mit einer vorgegebenen Wahrscheinlichkeit (1-α) innerhalb eines ebenfalls vorgegebenen Zeitintervalls *t* nicht überschritten wird. Da der Value at Risk einen Wert für das „maximale" Verlustpotenzial wiedergibt, unterscheidet er sich von den zuvor genannten Risikomaßen, welche die Streuung um den Erwartungswert erfasst haben.

Die Bestimmung des VaR wird auf Basis der Wahrscheinlichkeitsverteilung der Ergebnisgröße (bspw. dem Effizienzvorteil oder dem Kapitalwert einer Investitionsalternative) vorgenommen. Grundsätzlich bestehen zwei Möglichkeiten den VaR zu bestimmen. Einerseits ist es möglich den VaR analytisch über die Wahrscheinlichkeitsverteilung zu bestimmen (sofern diese mathematisch beschrieben werden kann) oder ihn andererseits direkt aus der per Simulation experimentell ermittelten Verteilungsfunktion bzw. dem Risikoprofil der Zielgröße abzuleiten. Dafür muss der Anwender nur das Konfidenzniveau (z. B. $\alpha = 5\%$) festlegen. Anschließend kann der $VaR_{0,95}$ am 5% – Quantil der Verteilung abgelesen werden (siehe Abb. 6.6).

Die VaR-Betrachtung liegt gedanklich sehr nahe an den bereits unter Abschn. 6.3.2 behandelten PPP-Fragestellungen. Die Intention liegt allerdings nicht darin, die Wahrscheinlichkeit herauszufinden, mit der die PPP-Beschaffung unwirtschaftlich ist, sondern zu hinterfragen, ob auf einem bestimmten Vertrauensniveau von z. B. 95% die PPP immer noch günstiger ist als eine konventionelle Realisierung. Demnach ist das untere Ende der kumulierten Kostenverteilung zu beachten.

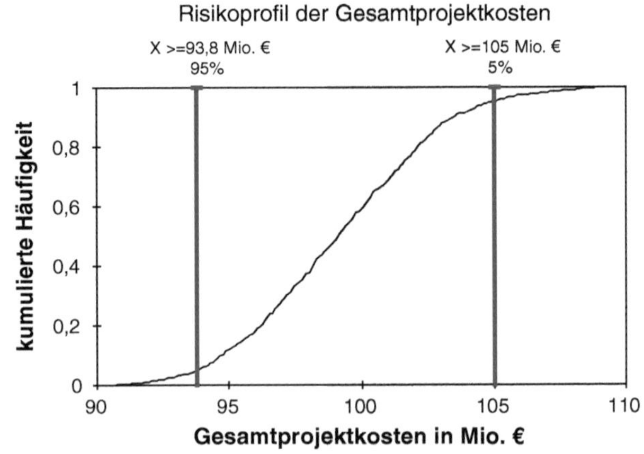

Abb. 6.6 Ableitung des VaR aus der kumulierten Verteilungsfunktion (Kostenverlauf bei konventioneller Realisierung) (Quelle: Eigene Darstellung)

[12] Vgl. Poddig et al. (1999, S. 130f.).

Abb. 6.6 zeigt, dass die konventionelle Realisierung mit einer Wahrscheinlichkeit von 95% rund 93,8 Mio. € oder mehr kosten wird (linke Vertikalmarkierung).

Zuvor war unterstellt worden, dass sich das PPP-Angebot demgegenüber auf 95 Mio. € beläuft. Wenn man also fordern würde, dass eine PPP-Beschaffung auch mit 95%iger Wahrscheinlichkeit noch günstiger sein soll als eine konventionelle Variante, wäre im vorliegenden Beispiel letztere hier vorzuziehen. Die Wahrscheinlichkeit, mit der konventionellen Variante günstiger abzuschließen, beträgt immerhin ca. 10%.

Durch die Berechnung des Value-at-Risk ist es für den Entscheidungsträger allgemein möglich, eine Investition besser bewerten zu können. Vor allem für einen privaten Investor kann dieses Risikomaß wertvolle Aussagen liefern, da für ihn im schlimmsten Fall ein kompletter Ausfall des eingesetzten Kapitals drohen kann. Das selbe gilt für die Fremdkapital finanzierenden Banken, die bei „non-recourse" Finanzierungen keine Durchgriffsrechte auf die Eigenkapitalgeber haben und somit dass volle Risiko der wirtschaftlichen Schieflage der Projektgesellschaft tragen. Sie können insofern den VaR der Investitionsalternative mit dem maximal zur Verfügung stehenden Risikokapital bzw. – budget abgleichen. Auf den PPP-Anwendungsfall bezogen ist es so möglich, eine Investitionsalternative hinsichtlich des maximalen Verlustpotenzials zu bewerten und mit der eigenen „Schmerzgrenze" abzugleichen.

Daneben können zwei verschiedene Investitionsalternativen unter Beachtung der Risikoneigung des Entscheidungsträgers miteinander verglichen werden. Beispielsweise ist es möglich, die Barwerte und die damit einhergehenden VaR bzw. den um den Erwartungswert gekürzten VAR in einem Diagramm einzutragen und einander gegenüberzustellen. Dazu wird auf der Ordinate der Erwartungswert des Barwertes abgetragen und auf der Abszisse der VaR (bzw. Differenz aus VaR und Erwartungswert) der Investitionsalternative bzw. Realisierungsvariante. Anschließend kann der Entscheidungsträger unter Berücksichtigung der individuellen Risikopräferenz eine Entscheidung für eine der beiden Varianten treffen.

In Bezug auf die Frage nach der wirtschaftlicheren Beschaffung ließen sich folglich die Barwerte der Gesamtkosten und ihre VaR bei 95%igem Konfidenzniveau einander gegenüberstellen. Die PPP hat erwartete Kosten von 95 Mio. € und soll als Projektfinanzierung verwirklicht werden. Es darf hierbei unterstellt werden, dass der Preis der PPP damit für die Öffentliche Hand praktisch risikolos ist. Es ist also anzunehmen, dass die Wahrscheinlichkeit von unvorhergesehenen Kosten für den Vorhabensträger, wenn er die PPP-Lösung wählt, kleiner als 5% ist. Demzufolge ist der $VaR_{0,95}$ gleich Null. In Bezug auf die konventionelle Realisierung ist nun, im Gegensatz zur voran stehenden Fragestellung, das obere Ende der Kostenverteilung zu betrachten. Schließlich geht es um die Beurteilung einer Extremsituation und es interessiert die Kostensituation bei sehr ungünstiger Konstellation der unsicheren Werte. Ein Blick zurück in Abb. 6.6 zeigt, dass die konventionelle Realisierung im 95%-Extremfall bei 105 Mio. € liegt (rechte vertikale Markierung in Abb. 6.6). Den Vergleich beider Beschaffungsvarianten anhand einer Matrixdarstellung ihrer erwarteten Kosten sowie ihres VaR zeigt die nachstehende Abb. 6.7.

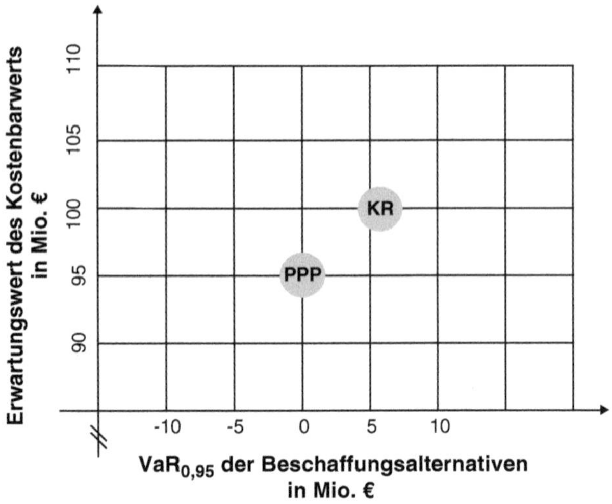

Abb. 6.7 Matrixdarstellung von erwarteten Kosten und $VaR_{0,95}$ (Quelle: Eigene Darstellung)

Die Interpretation der Ergebnisse in diesem vereinfachten Beispielfall ist unmissverständlich. Die PPP kostet den Vorhabensträger planmäßig 95 Mio. €. Selbst im Extremfall werden diese Kosten nicht überschritten. Die konventionelle Realisierung (KR) liegt hinsichtlich des Erwartungswerts bei 99,2 Mio. € während die Extremsituation sogar mit fast 105 Mio. € zu Buche schlägt, die Differenz aus $VaR_{0,95}$ und dem Erwartungswert beläuft sich demzufolge auf knapp 6 Mio. €. Nach klassischer Denkweise erzielt die PPP einen Effizienzgewinn von 4,2%, der für sich genommen nicht besonders beeindruckend wirkt. Mit der zusätzlichen, zahlenmäßig greifbaren Information über die Kostenunterschiede in einer besonders ungünstigen Konstellation ergibt sich ein anderes Bild, die PPP-Beschaffung ist klar im Vorteil.

6.5 Zwischenergebnis: Simulative Risikoanalyse als das Nonplusultra der Risikobewertung bei Infrastrukturinvestitionen

Die grundlegenden Anforderungen der PPP-Akteure hinsichtlich einer transparenten, methodisch korrekten und vor allem vollständigen Bewertung der Risikosituation einer Investitionsalternative können von dem bisher angewendeten Zuschlagverfahren nicht alleine erfüllt werden. Mit diesem ist es im Rahmen einer Investitionsrechnung, die auf unsicheren Eingangsparametern beruht, ausschließlich möglich, einen Erwartungswert für die prognostizierten Gesamtkosten zu ermitteln. Dies entspricht weder einer transparenten noch einer vollständigen Bewertung der Risikosituation. Nach Abschluss der so getätigten Risikobewertung kann die Entscheidungsfindung ausschließlich auf einem Erwartungswert aller möglichen Risiken beruhen. Der Entscheidungsträger ist somit nicht über die möglichen Streuungen um den erwarteten Wert informiert. Die individuelle Risikopräferenz kann deswegen nicht in die Entscheidung einfließen. Eine Bewertung der Risiken mit dem Zuschlagverfahren ist lediglich als Business-Case und Ausgangspunkt anzusehen.

In den Leitfäden des BMVBW wird neben den im bisherigen Status Quo angewendeten Verfahren explizit die Anwendung von Sensitivitätsanalysen und der simulativen Risikoanalyse empfohlen. Mit diesen beiden Verfahren kann eine deutlich detailliertere und anschaulichere Bewertung der Risiken erreicht werden, welche mit einer konventionellen aber auch einer PPP-Realisierung einhergehen. Im Ergebnis resultiert aus einer simulativen Risikoanalyse eine Verteilung der Ergebnisgröße, bspw. der Gesamtprojektkosten, um den Erwartungswert. Demzufolge wird das Risiko vollständig sichtbar, da nun auch erkennbar ist, welche Gesamtprojektkosten mit welcher Wahrscheinlichkeit resultieren können. In der Folge können die weitaus detaillierteren Ergebnisse einer simulativen Risikoanalyse anhand objektiver Risikomaße wie dem Value at Risk beurteilt werden, sodass eine Vergleichbarkeit zweier Investitionsalternativen unter Risikoaspekten möglich ist.

Literatur und Lesetipps

Zitierte Literatur

Adam, Dietrich (2000): Investitionscontrolling. München: 3. Auflage, Oldenbourg Wissenschaftsverlag GmbH.

BMVBW (2003b): Gutachten – PPP im Öffentlichen Hochbau, Band III: Wirtschaftlichkeitsuntersuchungen, Arbeitspapier 5: Risikomanagement. Berlin.

Franke, Günter; Hax, Herbert (2004): Finanzwirtschaft des Unternehmens und Kapitalmarkt. Berlin (u. a.): 5. Aufl. Springer.

Perridon, Louis; Steiner, Manfred (2007): Finanzwirtschaft der Unternehmung. München: 14., überarb. und erw. Aufl. Aufl. Vahlen.

Pfnür, Andreas (2004): Modernes Immobilienmanagement. Berlin u. a.: 2. Aufl., Springer Verlag.

Pfnür, Andreas; Eberhardt, Tim (2006): Allokation und Bewertung von Risiken in immobilienwirtschaftlichen Public Private Partnerships. In: Budäus, Dietrich (Hrsg): Kooperationsformen zwischen Staat und Markt. Theoretische Grundlagen und praktische Ausprägungen von Public Private Partnership. Baden-Baden: Nomos Verlagsgesellschaft, S. 159–186.

Poddig, Thorsten; Dichtl, Hubert; Petersmeier, Kerstin (1999): Statistik, Ökonometrie, Optimierung. Methoden und ihre praktische Anwendung in Finanzanalyse und Portfoliomanagement. Bad Soden: Uhlenbruch Verlag.

Ausgewählte weiterführende Literaturempfehlungen

Adam, Dietrich (2000): Investitionscontrolling. München: 3. Auflage, Oldenbourg Wissenschaftsverlag GmbH.

Franke, Günter; Hax, Herbert (2004): Finanzwirtschaft des Unternehmens und Kapitalmarkt. Berlin (u. a.): 5. Aufl. Springer.

Perridon, Louis; Steiner, Manfred (2007): Finanzwirtschaft der Unternehmung. München: 14., überarb. und erw. Aufl. Aufl. Vahlen.

Pfnür, Andreas (2004): Modernes Immobilienmanagement. Berlin u. a.: 2. Aufl., Springer Verlag.

Poddig, Thorsten; Dichtl, Hubert; Petersmeier, Kerstin (1999): Statistik, Ökonometrie, Optimierung. Methoden und ihre praktische Anwendung in Finanzanalyse und Portfoliomanagement. Bad Soden: Uhlenbruch Verlag.

Vose, David (1996): Quantitative Risk Analysis: A Guide to Monte Carlo Simulation Modelling. Chichester (u. a.): John Wiley Sons.

Kapitel 7
Entwicklungspotenziale im Risikocontrolling zur Gewährleistung eines nachhaltigen Risikotransfers

Das Risikocontrolling ist als Subsystem des Risikomanagements zu sehen und hat dieses mit Informationen, Methoden und Instrumenten zu unterstützen. Diese Funktion des Risikocontrollings gilt für alle Phasen des Beschaffungsprozesses und somit in besonderem Maße gerade für die Betriebsphase. Das Ziel des Risikocontrollings nach Vertragsschluss besteht darin, die Gesamtrisikoposition des Projektes weiterhin zu minimieren, sodass die im Vertragswerk angepeilten Effizienzvorteile einer PPP-Realisierung nachhaltig gewahrt bleiben.

Im Folgenden soll in einem ersten Schritt auf die Dynamik der Projektrisiken eingegangen werden und zudem dargelegt werden, wie die Risikosituationen der verschiedenen Partner voneinander abhängen. Anschließend erfolgt die Entwicklung eines Soll-Konzepts für ein Performance-Controlling der PPP. Das Kapitel schließt mit einem Bandbreiten-Modell, welches einen Reaktionsmechanismus bietet, um auf extreme, unvorhersehbare Veränderungen in der Risikosituation der Partner aufgrund der Dynamik in der Risikoverteilung reagieren zu können.

7.1 Art und Umfang der Dynamik von Projektrisiken

Die Allokation der Risiken wird vermeintlich mit dem Vertragsschluss für die gesamte Projektlaufzeit fixiert. Dabei folgen die Vertragsparteien der Vorstellung, dass alle Risiken und deren monetäre Wirkungen für die gesamte Vertragslaufzeit bekannt sind. Dass dem nicht so ist, wird schnell deutlich, wenn man sich gedanklich in das Jahr 1985 zurückversetzt. Kein Entscheidungsträger hätte wohl Entwicklungen, wie die deutsche Wiedervereinigung im Jahre 1990 oder den Anschlag auf das World Trade Center im Jahre 2001 und die damit verbundenen globalen Wirkungen, oder beispielsweise die extreme Ölpreiserhöhung in der jüngeren Vergangenheit, vorhergesagt.

7.1.1 Projektrisiken – Kalkulation vs. dynamische Entwicklung

Im Rahmen von Wirtschaftlichkeitsuntersuchungen bei PPP-Projekten ist zum Abschluss des Wirtschaftlichkeitsnachweises grundsätzlich eine Investitionsentschei-

A. Pfnür et al., *Risikomanagement bei Public Private Partnerships,*
DOI 10.1007/978-3-642-01073-6_7, © Springer-Verlag Berlin Heidelberg 2010

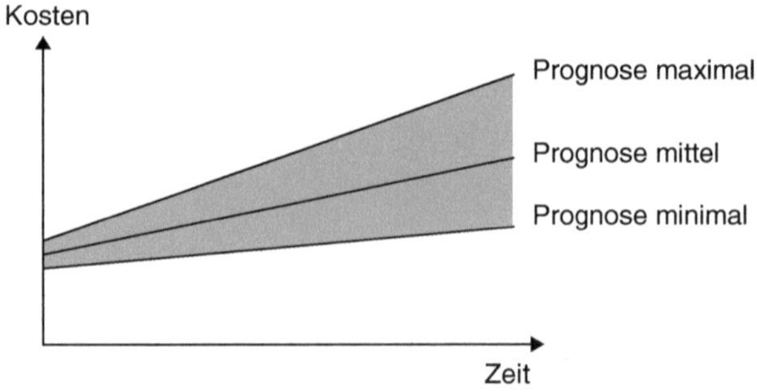

Abb. 7.1 Prognoseunsicherheit mit zunehmendem Prognosehorizont (Quelle: Eigene Darstellung)

dung mit einem starken Zukunftsbezug zu treffen. Dabei befindet sich die Investitionsrechnung beider Varianten, der konventionellen sowie der PPP-Variante, unter Unsicherheit. Je weiter die zu prognostizierenden Kosten bzw. Erlöse in der Zukunft liegen, desto geringer ist die Prognosegenauigkeit der Eingangswerte (siehe Abb. 7.1).

Im Rahmen der Wirtschaftlichkeitsuntersuchungen werden die Zahlungsströme auf Seiten der Öffentlichen Hand für die konventionelle Realisierung (PSC) und für die PPP-Variante zum Prognosezeitpunkt t_0 bestimmt. Für die anschließenden Jahre erfolgt die Prognose in der Regel auf der Basis der sicheren Kosten bzw. Erlöse zum Zeitpunkt t_0 und einer Indexierung, die sich an den Preissteigerungsraten der vergangenen Jahre orientiert. Beispielhaft wird diese Vorgehensweise nachfolgend anhand der Kosten für die Bewirtschaftung einer Immobilie verdeutlicht. Die Eckdaten sind Tab. 7.1 zu entnehmen.

In der Investitionsrechnung sind die um jeweils 3% indexierten anfänglichen Bewirtschaftungskosten von 5 Mio. € in jedem Jahr im Cashflow zu berücksichtigen. Zudem wird aufgrund der Prognoseunsicherheit im Rahmen der Risikokosten ein Risikozuschlag berücksichtigt. Unter Voraussetzung der in Tab. 7.2 dargestellten Annahmen beläuft sich dieser auf 2%.

Tab. 7.1 Prognose der Bewirtschaftungskosten

Bewirtschaftungskosten anfänglich	5 Mio. € p.a.
Indexierung in % pro Jahr	3%
Risikozuschlag in %	2%

Quelle: Eigene Darstellung.

Tab. 7.2 Berechnung des Risikozuschlags für die Bewirtschaftungskosten

Szenario	Abweichung von der Bezugsgröße	Wahrscheinlichkeit des Szenarios	Schadenshöhe in % der Bezugskosten
Große Unterschreitung	−20%	10%	−2,00%
Geringe Unterschreitung	−10%	20%	−2,00%
Keine Abweichung	0%	30%	0%
Geringe Überschreitung	+10%	20%	2,00%
Große Überschreitung	+20%	20%	4,00%
Summe		**100%**	**2,00%**

Quelle: Eigene Darstellung.

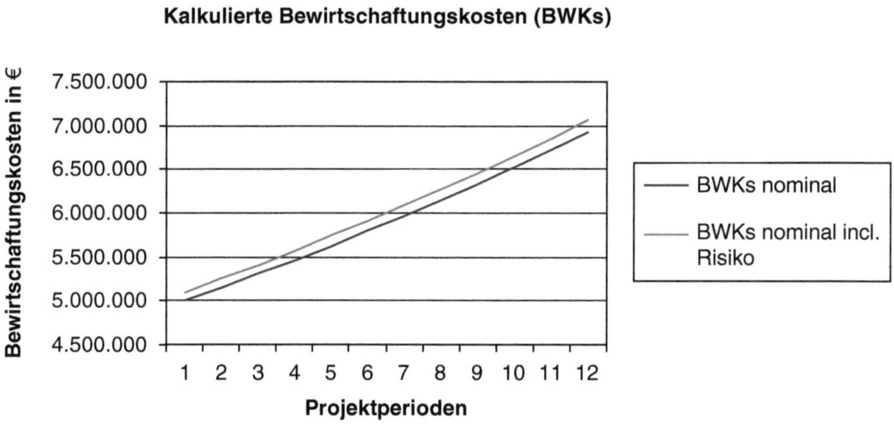

Abb. 7.2 Beispielhaft prognostizierter Kostenverlauf der Bewirtschaftungskosten (Quelle: Eigene Darstellung)

Bei einer unterstellten Laufzeit des Projektes von 12 Jahren resultieren somit über die Projektlaufzeit prognostizierte nominale Bewirtschaftungskosten incl. Risikozuschläge von 72,4 Mio. €. Die kalkulierten Kostenverläufe mit und ohne Risikoaufschlag sehen somit folgendermaßen aus (siehe Abb. 7.2).

Die in Wirklichkeit auftretenden Kosten können bisweilen stark von den kalkulierten Kosten abweichen. Eine Begründung liegt häufig in externen Faktoren, die von den Projektpartnern nicht beeinflusst werden können.[1] Beispielsweise kann es zu einer von den Annahmen abweichenden Preisentwicklung auf den Märkten für Strom und Heizenergie kommen, wie es derzeit der Fall ist. Der zu Projektbeginn auf Vergangenheitsdaten basierende Index berücksichtigt diese aktuellen Entwicklungen nicht. Darüber hinaus ist es möglich, dass veränderte Verbrauchsmengen aufgrund veränderten Nutzerverhaltens oder aber aufgrund überdurchschnittlich warmer bzw. kalter Jahre auftreten. Hinsichtlich der Kosten für die Bauunterhaltung können zudem vor allem bei Sanierungsprojekten unvorhergesehene Bauunterhaltungsmaßnahmen notwendig werden.

Für das Beispiel werden für die ersten fünf Jahre eine veränderte Preisentwicklung, sowie höhere Verbrauchsmengen unterstellt. Des Weiteren ist im vierten Jahr eine unvorhergesehene Bauunterhaltungsmaßnahme notwendig. Die wirklich angefallenen Kosten sind beispielhaft in Tab. 7.3 dargestellt.

Bei einer neuerlichen Betrachtung der Kosten- und Risikosituation zum Ende des fünften Projektjahres stellt sich die Ausgangslage somit verändert dar. Die wirklich

Tab. 7.3 Entwicklung der Bewirtschaftungskosten in den ersten fünf Projektjahren

	Jahr 1	Jahr 2	Jahr 3	Jahr 4	Jahr 5
Bewirtschaftungskosten	6,5 Mio. €	6,8 Mio. €	6,9 Mio. €	8,3 Mio. €	6,6 Mio. €

Quelle: Eigene Darstellung.

[1] Vgl. Schöbener et al. (2007, S. 4 f.).

Tab. 7.4 Eingangsparameter der Prognose der Bewirtschaftungskosten nach 5 Jahren

Szenario	Abweichung von der Bezugsgröße	Wahrscheinlichkeit des Szenarios	Schadenshöhe in % der Bezugskosten
Große Unterschreitung	−5%	20%	−0,80%
Geringe Unterschreitung	−3%	10%	−0,30%
Keine Abweichung	0%	30%	0%
Geringe Überschreitung	+15%	25%	3,75%
Große Überschreitung	+30%	15%	4,50%
Summe		**100%**	**7,15%**

Quelle: Eigene Darstellung.

angefallenen Kosten betrugen in den ersten fünf Jahren 35 Mio. €, was im Vergleich mit der Kalkulation kumulierte Mehrkosten von ca. 7 Mio. € bedeutet. Für die noch verbleibenden Projektjahre ist somit bei einer neuerlichen Prognose der Bewirtschaftungskosten unter Berücksichtigung der bis dahin gewonnenen Erfahrungen die Risikosituation neu zu bewerten. Basierend auf den Erfahrungen der ersten fünf Jahre führt eine Neubewertung der Risikosituation zu einem Risikozuschlag von 7,15% (siehe Tab. 7.4).

In der Folge resultieren geplante Bewirtschaftungskosten inkl. der Risikozuschläge von 82,6 Mio. € über die gesamte Projektlaufzeit, was im Vergleich zu den vor Projektstart kalkulierten 72,4 Mio. € einen erheblichen Unterschied darstellt. Das Beispiel zeigt deutlich, dass die Risikosituation schon fünf Jahre nach Vertragsschluss aufgrund veränderter Umweltbedingungen völlig anders zu bewerten ist, als dies zum Zeitpunkt der abschließenden Wirtschaftlichkeitsuntersuchung vor Vertragsschluss der Fall gewesen ist. Die neu kalkulierten Kostenverläufe sind Abb. 7.3 zu entnehmen.

Zusammenfassend ist festzuhalten, dass die vertraglich fixierte Risikosituation einer dauerhaften Entwicklung unterworfen ist und keinesfalls statisch über die gesamte Projektlaufzeit stabil ist. Schon eine Veränderung der Rahmenbedingungen

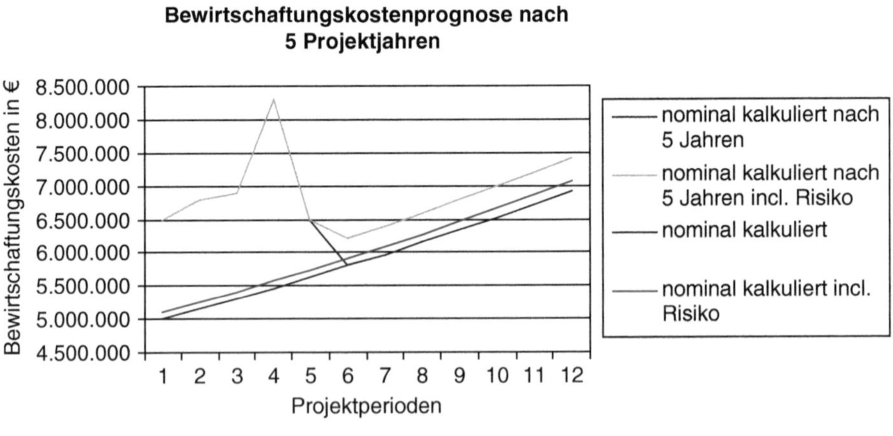

Abb. 7.3 Realer Kostenverlauf vs. prognostizierter Kostenverlauf für Heizenergie (Quelle: Eigene Darstellung)

für bekannte Risiken kann zu einer Dynamik der Risikosituation jedes einzelnen Partners führen.

7.1.2 Gründe der Dynamik von Projektrisiken

Für die Dynamik der Risiken in PPP-Projekten sind unterschiedliche Gründe verantwortlich. Im Folgenden werden diese einzeln aufgezeigt.

1 Veränderte Rahmenbedingungen des Projekts

Wie im zuvor dargelegten Beispiel gezeigt, kann durch neue Rahmenbedingungen des Projekts schon nach einer relativ kurzen Laufzeit eine völlig veränderte Risikosituation eintreten, die ggf. im Rahmen der Investitionsentscheidung den Ausschlag für eine andere Alternative gegeben hätte. Bei derartigen Risiken handelt es sich regelmäßig um bereits auf einen der Partner übertragene Sachverhalte, sodass dieser von den unvorhergesehenen Änderungen betroffen ist und dessen spezifische Risikosituation erheblich davon beeinflusst wird. Das obige Beispiel der Bewirtschaftungskosten zeigt, dass sich nach nur fünf Projektjahren eine grundlegend veränderte Risikosituation eingestellt hat.

2 Mit Vertragsschluss identifizierte aber nicht bewertbare projektspezifische Risiken

Weiterhin gibt es Risiken, die in der Angebotsphase eines Projektes schon zu identifizieren sind, deren Bewertung und somit eine Risikoübernahme gegen eine Prämie durch den Privaten Partner aber nicht möglich sind. Für derartige Risiken sollten schon mit dem Vertragsschluss Regelungen getroffen werden, wie eine Reduktion der Kosten durch die beiden Partner möglich ist.

Denkbar ist beispielsweise ein Maut basiertes Infrastrukturprojekt im innerstädtischen Bereich, welches vollkommen von den Nutzerentgelten abhängig ist. Zum Zeitpunkt der Angebotserstellung wird schon das Risiko identifiziert, dass ggf. Umweltzonen eingerichtet werden könnten. Deren monetäre Auswirkungen auf das Projekt sind allerdings nicht prognostizierbar. Erst nachdem die Politik Entscheidungen darüber getroffen hat, welche PKW in den innerstädtischen Bereich einfahren dürfen, kann eine Bewertung der Lage erfolgen. Für den privaten Partner wäre es nicht möglich zum Zeitpunkt des Vertragsschlusses ein derartiges Risiko zu bewerten.

3 Neue projektspezifische Risiken

Auch können nach Vertragsschluss neue Risiken auftreten, die bis zu diesem Zeitpunkt nicht bekannt waren. Aus Änderungen der technologischen, ökonomischen und rechtlichen Rahmenbedingungen resultieren für die Parteien daher nicht absehbare Verlust- und Ertragspotenziale. Unter der Zielsetzung einer effizienten Risikoallokation bleibt sodann zu überlegen, welcher der Partner das betreffende Risiko oder die entstehende Chance übertragen bekommt. Im Vertrag bestehen hierzu keine detaillierten Regelungen bzw. werden diese den zum Zeitpunkt des Auftritts obwaltenden Umständen nicht gerecht.

Beispielsweise kann hier das Risiko einer sich vollständig ändernden Technologie aufgeführt werden, welches zum Zeitpunkt des Vertragsschlusses nicht bekannt war. Diese Problematik kann vor allem bei PPP-Projekten im Rahmen des Hochschulbaus zu Tage treten. Um den immer härteren Anforderungen des Wettbewerbes zwischen den Hochschulen gewachsen zu sein, ist es notwendig auf Technologieveränderungen bspw. durch neue Forschungseinrichtungen zu reagieren. Zu diesen neuen Leistungen müssten nachträglich Regelungen getroffen werden können, sofern ein privater Betreiber die Bewirtschaftung für eine solche Immobilie übertragen bekommen hat.

4 Unklare Allokation der projektspezifischen Risiken

Nicht nur in Bezug auf die Anzahl oder die monetäre Bewertung von Risiken kann es zu einer Dynamik der Risikosituation kommen, auch die Allokation der identifizierten Risiken kann einer Dynamik unterworfen sein und hängt stark von der Qualität der Vergabeunterlage (Vertrag und funktionale Leistungsbeschreibung) ab. So können bei einer unpräzisen Vertragsformulierung Interpretationsspielräume bestehen, die zu einer differierenden Vorstellung hinsichtlich der Risikoallokation bei den Vertragspartnern führen.

An dieser Stelle sei vor allem auf Risiken aus der Übernahme eines Mangelzustands verwiesen. Hierzu ein reales Beispiel: Eine Vertragsformulierung, die dem privaten Partner das Risiko eines Mangelzustands für alle Bauteile überträgt, wo ein Sachverständiger sie hätte erkennen müssen, führt bspw. zwangsläufig zu der Frage, ob der Sachverständige bei einem Gebäude aus den 70er Jahren mit Asbestbelastung auch auf eine PCB-Belastung hätte schließen müssen. In einem derartigen Fall gehen beide Partner davon aus, dass ein Risiko im Verantwortungsbereich des jeweils andern liegt. In einer solchen Konstellation muss ein nachträglicher Konsens über die Risikotragung gefunden werden, damit die auch auf gegenseitiges Vertrauen aufbauende Kooperation für die im Beispielfall noch folgenden zwanzig bis dreißig Jahre nicht ad absurdum geführt wird. Derartige Situationen entstehen zwangsläufig, da PPP-Verträge aufgrund ihrer Komplexität und der langen Vertragslaufzeit zwangsläufig unvollständig sind.

5 Partnerbezogene Risiken

Neben den Gründen der Dynamik für projektspezifische Risiken kann es zu einer Dynamik der Risikosituation kommen, wenn aus der wirtschaftlichen Gesamtsituation eines Partners, zum Beispiel durch Fehlkalkulation anderer Vorhaben, Risiken für das Projekt resultieren. Es handelt sich bei dieser Gruppe um Risiken, die nicht projektspezifisch sind, sondern mit der Wahl eines anderen Partners gegebenenfalls das Projekt nicht belasten würden.

7.2 Notwendigkeit eines proaktiven Risikocontrollings

Eines der sieben Kernelemente einer PPP ist ein ausgewogener Risikotransfer zwischen Öffentlicher Hand und Privatem Partner. In der Folge bedeutet dies, dass durch die Umsetzung eines Projektes als PPP im Vergleich mit einer konventionellen Realisierung durch den Transfer von Risiken auf den privaten Partner Effizienzpotenziale gehoben werden können. Dauerhafte Vorteile aus einer Risikoabwälzung kann die Öffentliche Hand jedoch nur erwarten, wenn die beabsichtigten Verbesserungen in der Risikoallokation gegenüber einer konventionellen Realisierungsvariante nicht im Zuge von Veränderungen der Projektrahmenbedingungen schleichend wieder rückgängig gemacht werden.

Somit gilt es das partnerschaftliche Verhalten, ebenfalls eines der sieben Kernelemente Öffentlich-Privater Partnerschaften durch institutionelle Regelungen weiter zu stärken, so dass Situationen, in denen die Risikoallokation eine Veränderung gegenüber der Ausgangslage erfahren hat, partnerschaftlich gelöst werden. Eine Grundvoraussetzung besteht in diesem Zusammenhang darin, dass die Risikoteilung auch nach Vertragsschluss gemäß einer im Vertragswerk oder implizit fixierten Regelung unter den Akteuren vereinbarungsgemäß angepasst werden kann.

Über die Vertragslaufzeit hinweg kann der einzelne Akteur mit zwei verschiedenen Typen an Risiken in PPPs konfrontiert werden, denen er unterschiedlich entgegentreten muss. Zum einen sind dies *projektspezifische* Risiken, die die PPP als organisatorisches Ganzes treffen, wie beispielsweise eine Heizölpreiserhöhung. Ein solches Risiko trifft das Projekt, gleich welche Form der Realisierung gewählt wird. Ein anderer Typus sind *verhaltensbedingte* Risiken, die aus Situationen resultieren, in denen sich einer der Partner eigennützig bei Schlechterstellung des anderen Partners (opportunistisch) verhält.[2]

7.2.1 Entstehung und Wirkung verhaltensbedingter Risiken

Die Dynamik der projektspezifischen Risiken führt zu einer Instabilität der Gesamtrisikosituation eines jeden Partners im Zeitverlauf. Im Ergebnis wird es aufgrund der Dynamik der Risiken häufig zu Situationen kommen, in denen sich die ursprünglich austarierte Risikoallokation stark asymmetrisch entwickelt. Einer der Partner wird durch übermäßige Kosten bzw. unverhältnismäßig niedrige Erlöse aufgrund eines Risikoeintritts belastet, die dann auch die kalkulierten Risikokosten empfind-

[2] Vgl. Pfnür u. Eberhardt (2006, S. 162 f.).

lich übersteigen können. Unterstellt man, dass der private Partner im Beispiel Träger aller Risiken ist, muss er eine übermäßige Belastung durch den Risikoeintritt tragen. Im schlimmsten Falle könnte eine derartige Situation zur Insolvenz des Hauptauftragnehmers bzw. der Projektgesellschaft führen. Bevor es dazu kommt, würde ein rational handelnder Akteur alles daran setzen, seine wirtschaftliche Situation zu Lasten des anderen Partners zu verbessern.[3] Bereits dann, wenn dem privaten Partner ein Verlust aus der PPP droht, könnte seine Leistungsbereitschaft deutlich zurückgehen. Aus rationalen Gesichtspunkten würde er versuchen, durch weitere Kosteneinsparungen oder durch zusätzliche Erlöse, beispielsweise in Form von Nachträgen, sein wirtschaftliches Ziel auf Kosten seines Partners durchzusetzen. Angesichts mehrjähriger Investitionsphasen und einer Laufzeit der anschließenden Betriebsphase von regelmäßig über zwanzig Jahren dürfte hierzu reichlich Gelegenheit sein. Auch wenn Verträge noch so umfassend sind, bleiben sie immer unvollständig und weisen offene Punkte oder Interpretationsspielräume auf, die der private Partner opportunistisch für sich nutzen kann. In der Folge resultieren Partnerrisiken, die es im Rahmen eines Risikocontrollings neben den projektspezifischen Risiken zu beherrschen gilt.

Im günstigsten Fall entpuppt sich die ehemals vereinbarte Risikoteilung als Nullsummenspiel, wenn infolge opportunistischen Verhaltens des Privaten nur die Kosten der eingangs gewählten übermäßigen Risikoverlagerung wieder rück übertragen werden. So hätte die Öffentliche Hand nämlich auch bei einer konventionellen Realisierung diese Kosten tragen müssen. Im Ergebnis ist das eigentlich als transferiert geglaubte Risiko der Kommune ihr quasi durch die Hintertür wieder angelastet. Im schlimmeren Fall drohen durch das opportunistische Verhalten des Vertragspartners allerdings aus der Regulierung des Leistungsausfalls Mehrkosten.

Auch wenn Partnerrisiken bisher nur aus Sicht der Öffentlichen Hand diskutiert wurden, kann auch der private Partner von Partnerrisiken der Öffentlichen Hand betroffen sein. Beispielsweise ist der private Partner bei mautbasierten Projekten darauf angewiesen, dass die Öffentliche Hand ihren Verpflichtungen insofern nachkommt, als dass sie durch die Umsetzung der vertraglich vereinbarten Verkehrslenkungsmaßnahmen die Nutzerintensität des Objekts positiv beeinflusst.

7.2.2 Ausgewählte Beispiele

Nachfolgend sollen zwei exemplarisch ausgewählte Beispiele den Zusammenhang und die Verkettung von Risiken, Chancen, opportunistischem Verhalten und Partnerrisiken verdeutlichen.

1 Unerwartet stark steigende Baupreise

Das Eintreten unerwartet stark steigender Preise für die eingesetzten Baumaterialien oder aber Löhne stellt ein Risiko für den Bauunternehmer dar. Für die Öffentli-

[3] Vgl. Jensen u. Meckling (1976, S. 308).

che Hand indes resultiert eine Chance, da im Falle einer Eigenrealisierung das volle Preissteigerungsrisiko bei ihr gelegen hätte. Allerdings intensiviert die Verlustgefahr erfahrungsgemäß die Intensität im Claim Management des Bauunternehmers. In der Folge erhöht sich für die Öffentliche Hand daraus das Risiko, mit Nachträgen konfrontiert zu werden.

2 Einführung von Mindestlöhnen für die Gebäudereinigung

Eine etwaige Einführung von Mindestlöhnen der Gebäudereinigungsbranche ist ein hohes Risiko für den Betreiber, der seine Leistungen für eine längere Laufzeit zu einem Pauschalpreis anbietet. Für die Öffentliche Hand indessen bedeutet dies das Eintreten einer Chance, da sie bei einer konventionellen Realisierung die vollen Kosten dieser Lohnsteigerung hätte tragen müssen. Von der Wahrscheinlichkeit eines Verlustes auf Seiten des Betreibers hängt allerdings die Leistungsbereitschaft und, im Falle einer wirtschaftlichen Notlage, dessen Leistungsfähigkeit ab. Für die Öffentliche Hand ergibt sich aus einer Schieflage somit womöglich ein Qualitätsrisiko in der Flächenbereitstellung bis hin zum Ausfall der Flächenverfügbarkeit.

7.2.3 Zwischenergebnis: Laufendes Controlling stellt Nachhaltigkeit der Risikoallokation sicher

Es liegt in der Natur ökonomischen Handelns, dass nach dem Überschreiten gewisser Verlustgrenzen der belastete Akteur sein partnerschaftliches Verhalten aufgibt und versucht, sich seinerseits zu Lasten des Partners an anderer Stelle schadlos zu halten. Im ungünstigsten Fall mündet dieses Verhalten der Akteure in ein wechselseitiges sich Revanchieren, was den Projekterfolg in einer Abwärtsspirale immer weiter gefährdet und dem Sinn einer Partnerschaft zuwider läuft.

Im Sinne des Sprichworts „Vertrauen ist gut, Kontrolle ist besser“ ist die Transparenz über den wirtschaftlichen Erfolg eine wichtige Grundvoraussetzung der dauerhaft angelegten partnerschaftlichen Zusammenarbeit in PPPs. Daher ist ein Risikocontrolling notwendig, welches die Projektpartner dabei unterstützt, das partnerschaftliche Verhalten ausleben zu können und die Partnerrisiken in den Griff zu bekommen.

Die Dynamik der Risiken muss schon in einem sehr frühen Projektstadium bedacht werden. Schon in der Konzeptionsphase sollte eine vollständige Bewertung der Risiken mittels der simulativen Risikoanalyse für jeden Projektbeteiligten erfolgen. Der Druck zu opportunistischem Verhalten der Partner kann somit frühzeitig erkannt werden. Durch eine entsprechende Adjustierung der Risiken kann das Scheitern der partnerschaftlichen Zusammenarbeit infolgedessen vermieden werden. Ferner sollten in den Verträgen bereits konkrete Regeln vereinbart werden, wie auf eine in der Vertragslaufzeit eintretende extreme Veränderung der Risikoallokation zu reagieren ist. Solche Ausgleichs- bzw. Reallokationsmechanismen können allerdings nur für Extremfälle zur Anwendung kommen. Die normalen Geschäftsrisiken der Akteure sind hiervon unbenommen.

Die laufenden Veränderungen in der Risikoallokation machen darüber hinaus in der Bau- und Betriebsphase ein Prozess begleitendes Controlling der Risikoallokation der Vertragspartner erforderlich. Dahingehend ist eine dauerhafte Neubewertung der Risikosituation jedes einzelnen Akteurs notwendig, um Risiken aus einer asymmetrischen Verteilung zwischen den Akteuren frühzeitig zu erkennen und gegebenenfalls vertraglich vereinbarte Reallokationsmechanismen in Gang zu setzen.

7.3 Entwicklung eines Soll-Konzepts eines Performance-Controllings

7.3.1 Anforderungen der Akteure an ein Performance-Controlling

Im derzeitigen Status quo des Risikocontrollings besteht das Ziel ausschließlich darin nach zu verfolgen, ob auch derjenige Partner die Risikokosten trägt, der sie per Vertrag übernommen hat. Die Funktion des gegenwärtigen Risikocontrollings hat insofern reaktiven Charakter und dient ausschließlich der vergangenheitsorientierten Kontrolle in der Durchsetzung der vertraglichen Ansprüche.

Die Aufgabe des Performance-Controllings im Rahmen des Risikocontrollings ist es, Risikoentwicklungen proaktiv zu identifizieren, die die Partnerschaft in Zukunft gefährden könnten. Insofern muss im Sinne eines Frühwarnsystems eine dauerhafte Neubewertung der individuellen Risikosituationen aller Projektbeteiligten auf Basis der zum jeweiligen Zeitpunkt neuesten Informationen ermöglicht werden. Nur dadurch ist zu gewährleisten, dass frühzeitig etwaige asymmetrische Risikoentwicklungen identifiziert werden und darauf reagiert werden kann.

1 Anforderungen aus Sicht der Öffentlichen Hand

Die Öffentliche Hand ist nicht nur im Rahmen der Projektvorbereitung dazu verpflichtet, Wirtschaftlichkeitsuntersuchungen durchzuführen. Vielmehr ist sie auch nach der Auftragsvergabe an den privaten Unternehmer dazu verpflichtet, dauerhaft die Wirtschaftlichkeit ihrer Investitionsentscheidung nachzuweisen.[4] Insofern wird von der Öffentlichen Hand auch in der Betriebsphase ein Nachhalten der Risikoallokation verlangt. Es muss Transparenz darüber geschaffen werden, welche Risiken eingetreten sind und ob die Risiken die wirtschaftliche Situation der beteiligten Partner gravierend belastet haben. Darauf aufbauend muss ein Frühwarnsystem

[4] § 7 BHO i. V. m. den einschlägigen Verwaltungsvorschriften, vgl. außerdem für detailliertere Ausführungen zur Erfolgs- und Leistungskontrolle bei PPP-Projekten BMVBW (2003c, S. 80 ff.).

potenzielle neue, zukünftige Risiken abbilden, so dass eine Einschätzung der zukünftigen Risikosituation aller Akteure vorgenommen werden und in der Folge auf vertraglicher Basis proaktiv eine Adjustierung der Risikoallokation erfolgen kann.

2 Anforderungen aus Sicht der Sponsoren

Die Sponsoren eines PPP-Projektes verfolgen das Ziel einer angemessenen Verzinsung des von ihnen in das Projekt eingebrachten Eigenkapitals. Folglich ist es aus ihrer Sicht wichtig, möglichst frühzeitig über drohende etwaige Risikoverschiebungen zu Lasten der Projektgesellschaft informiert zu sein. Deshalb besteht die Anforderung aus Sicht der Sponsoren, die Kosten-, Erlös- und Risikosituation der Projektgesellschaft aktuell einsehen zu können. Des Weiteren ist eine Einschätzung der Risikosituation der Nachunternehmer von Interesse, um etwaige Partnerrisiken antizipieren zu können.

3 Anforderungen aus Sicht der finanzierenden Banken

Die finanzierenden Banken stellen regelmäßig den größten Teil des zur Investition notwendigen Kapitals zur Verfügung, wobei die Risikosituation der Finanzierungsinstitute grundsätzlich von der Wahl der Finanzierungsvariante und von den gewählten Sicherungsmechanismen abhängt. In Abhängigkeit davon besteht auch auf Seiten der finanzierenden Banken ein Risiko darin, dass die Projektgesellschaft im schlimmsten Falle in eine finanzielle Schieflage gerät und das Investitionsobjekt eine schlechte Drittverwendungsmöglichkeit aufweist. An dieser Stelle sei beispielsweise auf die PPP-Projekte Herrentunnel in Lübeck und Warnowquerung in Rostock verwiesen.

Insofern besteht auch aus Sicht der finanzierenden Banken die Anforderung eine aktuelle Einschätzung der Risikosituation der Projektgesellschaft zu erhalten. Um etwaigen Partnerrisiken vorbeugen zu können, muss zudem die generelle Risikosituation der mit der Projektgesellschaft vertraglich verbundenen Projektbeteiligten beachtet werden.

4 Anforderungen aus Sicht des Betreibers

Der Betreiber als Subunternehmer der Projektgesellschaft stellt regelmäßig das letzte Glied in der Kette dar. Für ihn ist es vorrangig wichtig, über die eigene Kostensituation und die zukünftige potenzielle Risikosituation aufgeklärt zu sein. In diesem Zusammenhang sei auf das Beispiel der sich entwickelnden Bewirtschaftungskosten hingewiesen, welches bei einer Übernahme des Preis-, des Verbrauchs- und des Bauunterhaltungsrisikos durch den Betreiber ein existenzielles Problem darstellen kann. Zudem ist auch der Betreiber durch Partnerrisiken der Projektgesellschaft bedroht, falls eine wirtschaftliche Schieflage dieser zu erwarten ist und Kostensenkungsdruck besteht. Infolgedessen ist für den Betreiber ebenfalls von besonderer Bedeutung, die individuelle Risikosituation der Projektgesellschaft einschätzen zu können.

7.3.2 Datenbedarf eines risikoorientierten Performance-Controllings

Nimmt man das dritte „P" wörtlich, so ist die partnerschaftliche Zusammenarbeit notwendiger Bestandteil einer Öffentlich-Privaten Partnerschaft. Die langfristige effektive Zusammenarbeit in PPPs erfordert insofern eine gewisse gegenseitige Transparenz über die bisherigen Erfolge und Misserfolge, die die Partner mit dem gemeinschaftlichen Vorhaben erzielt haben, sowie die Zukunftsaussichten.

Grundvoraussetzung dieser Transparenz sind den Beteiligten zugängliche Finanzdaten der PPP-Aktivitäten auf Ebene jedes einzelnen Partners sowie eine regelmäßige Aktualisierung dieser Planungen. Die jeweils erneuerten Finanzplanungen müssen eine generelle Einschätzung der individuellen Kosten- bzw. Risikosituation aller Beteiligten zulassen. Die Planungsfortschreibungen zeigen dann, wie sich Ergebnisse sowie Chancen und Risiken der Partner in einer PPP verteilen. Durch die Kenntnis der Risikosituation der anderen am Projekt Beteiligten, können die eigenen Partnerrisiken eingeschätzt werden. Folglich muss eine Philosophie der „open books" im Rahmen von PPP-Projekten von den beteiligten Partner verlangt werden, um die Transparenz in PPP-Projekten zu erhöhen und in der Folge die Partnerschaft zu stärken.

Denkbar wäre ein System von vernetzten Finanzplanungen der Akteure, welches die Wechselwirkungen der finanzwirtschaftlichen Erfolge ganz allgemein transparent macht. Beispielsweise werden in einer PPP-Konstruktion die Finanzpläne der Projektgesellschaft durch Zahlungen in Form von Entgelten, Bauleistungen, Miete und Gebühren determiniert. Indirekte Interdependenzen bestehen auch zwischen den Finanzplänen der Bauunternehmen und Betreiber. In Abb. 7.4 sind die Beziehungen anhand eines Forfaitierungsmodells dargestellt.

1 Anforderungen an den Datenbedarf aus der Kostenkalkulation

Grundlegend ist die Kostenkalkulation des privaten Partners so transparent als möglich aufzubauen. Für den fest definierten und in den Verhandlungsrunden ausgehandelten Risikokatalog muss eine Bewertung der Risiken vorhanden sein, so dass in der Folge eine Basis zur späteren Analyse der Soll-Ist-Situation erfolgen kann.

2 Anforderungen an den Datenbedarf in der Betriebsphase

In der Betriebsphase steht der Öffentlichen Hand die eigens gegründete Projektgesellschaft als Auftragnehmer gegenüber. Diese wiederum vergibt die einzelnen

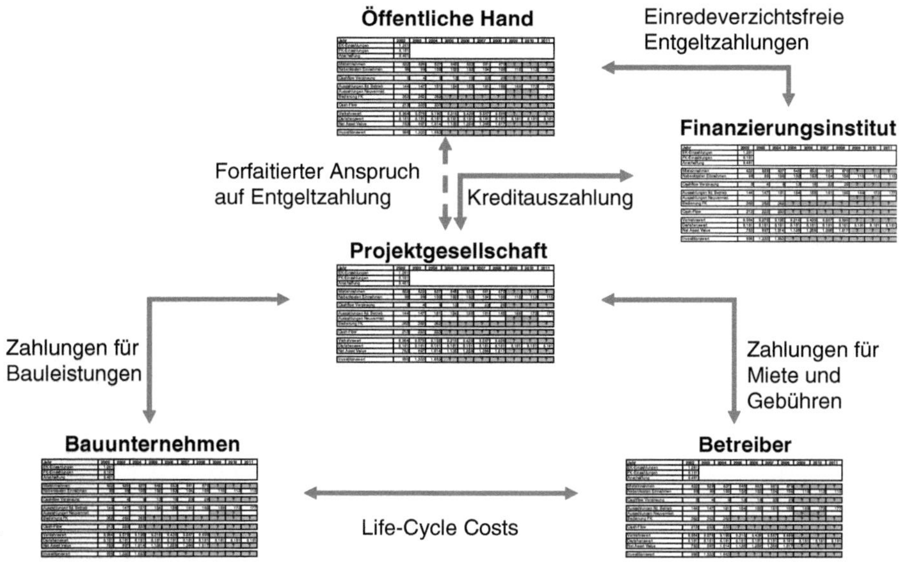

Abb. 7.4 Interdependenzen in der Finanzplanung im Forfaitierungsmodell (Quelle: Pfnür u. Eberhardt (2006, S. 173))

Leistungen zumeist an Nachunternehmer und wird durch Sponsoren mit Eigenkapital und durch Kreditinstitute mit Fremdkapital versorgt. Infolgedessen ist die Anzahl der beteiligten Personen weitaus höher, an die ein Datenbedarf zu adressieren ist (siehe Abb. 7.4), um den Anforderungen eines umfassenden Risikocontrollings nachzukommen.

Um eine Analyse der Abweichungen zwischen angefallenen und kalkulierten Risikokosten durchführen zu können, muss an erster Stelle die Projektgesellschaft als Auftragnehmer der Öffentlichen Hand die realen angefallenen Kosten, zumindest auf aggregierter Basis, für die definierten Leistungen bereit stellen. In der Folge ist es möglich, die Erfolgssituation der Projektgesellschaft auszuwerten. Darauf aufbauend muss eine regelmäßig aktualisierte Finanzplanung vorgenommen werden, die eine Bewertung der zukünftigen Risikosituation zulässt. In gleicher Weise sollten auch Einblicke in die real entstandenen Kosten und Erlöse sowie die sich daraus für die Zukunft prognostizierte Finanzplanung der Subunternehmer gewährt werden, so dass auch deren individuelle Risikosituation bewertet werden kann. Insbesondere ist es für die Projektgesellschaft wichtig, regelmäßig eine individuelle Bewertung der Partnerrisiken vorzunehmen.

7.3.3 Konzeption eines Performance-Controllings

Die Funktion des Performance-Controllings als ein Teil des zu entwickelnden Risikocontrollings liegt in der generellen Informationsversorgung über die Risikositu-

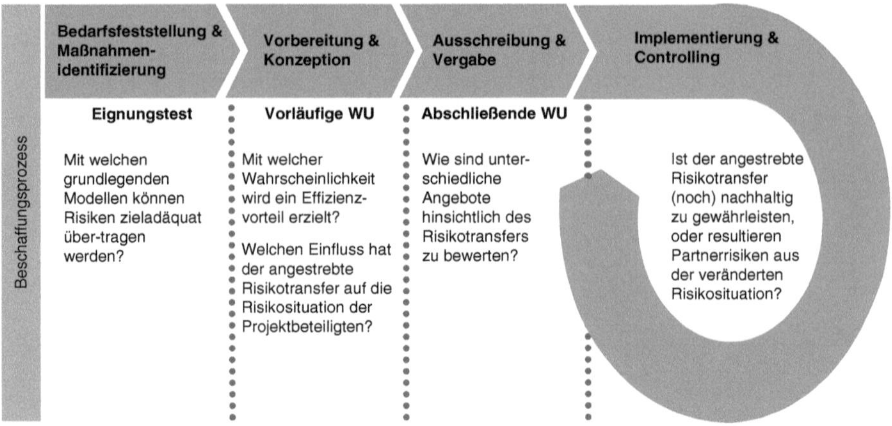

Abb. 7.5 Ansatzpunkte eines Risikocontrollings für PPP-Projekte (Quelle: In Anlehnung an Pfnür u. Eberhardt (2006, S. 176))

ation aller am Projekt beteiligten Akteure. Demzufolge muss das System frühzeitig im Beschaffungsprozess eingeführt werden.

Schon in der ersten Phase des Beschaffungsprozesses muss erörtert werden, mit welchen grundlegenden Finanzierungs- und Vertragsmodellen eine zieladäquate Risikoübertragung gewährleistet wird und wie sich die Risikosituation der Projektbeteiligten dadurch darstellt. In der zweiten Phase des Beschaffungsprozesses, der Vorbereitung und Konzeption des Projektes, stellt sich die Frage, welche wirtschaftlichen Folgen durch den angestrebten Risikotransfer für die am Projekt Beteiligten resultieren können. In der dritten Phase – Ausschreibung und Vergabe – ist die Vergleichbarkeit der Angebote hinsichtlich der Wahrscheinlichkeit eines Verlusts für den privaten Partner zu untersuchen. In der Folge kann damit das Partnerrisiko analysiert werden. In der an den Vertragsschluss anschließenden vierten Phase – Implementierung & Controlling – mündet der Prozess schließlich in einen Kreislauf. In turnusmäßigen Abständen sind die Finanzpläne, welche Gegenstand der Vergabeentscheidung waren, fortzuschreiben und die entsprechenden Risikoanalysen zu aktualisieren. Drohende Zielabweichungen und daraus resultierende Partnerrisiken können mit jenem Instrument im Sinne eines Frühwarnsystems antizipiert und entschärft werden.

In Abb. 7.5 ist der anzustrebende Risikocontrollingprozess abgebildet. Die Abbildung verdeutlicht die zentralen risikobezogenen Fragestellungen im PPP-Beschaffungsprozess, deren Beantwortung durch ein Performance-Controlling zu gewährleisten ist.

1 Methodische Ausgestaltung des Performance-Controllings

Zur Bewertung der Risikosituation wird auf die simulative Risikoanalyse zurückgegriffen. Mit deren Hilfe hat für jeden der Projektbeteiligten eine vollständige Bewertung der Risikosituation zu erfolgen. Dadurch kann daraus geschlossen werden, wie hoch die Wahrscheinlichkeit ist, dass der betreffende Partner seine individu-

Tab. 7.5 Eingangsparameter der Prognose der Bewirtschaftungskosten

Anfängliche Bewirtschaftungskosten in Periode t = 0 in €	5 Mio. €		
Berechnung des Risikozuschlags			
Szenario	Abweichung von der Bezugsgröße	Wahrscheinlichkeit des Szenarios	Schadenshöhe in % der Bezugskosten
Große Unterschreitung	−10%	10%	−1,00%
Geringe Unterschreitung	−5%	10%	−0,50%
Keine Abweichung	0%	30%	0%
Geringe Überschreitung	+5%	30%	1,50%
Große Überschreitung	+10%	20%	2,00%
Summe		**100%**	**2,00%**

Quelle: Eigene Darstellung.

ellen Zielvorgaben (Renditeerwartung) nicht erreicht und in der Folge daraus ein Partnerrisiko resultiert.

Im nun folgenden Beispiel sollen die Vorgehensweise und die Analysemöglichkeiten anhand einer Bewertung der individuellen Risikosituation des Betreibers dargelegt werden. In dem vereinfachten Beispiel wird davon ausgegangen, dass der Betreiber die Risiken der Preissteigerung seiner Leistungen, sowie das Mengenverbrauchsrisiko übernommen hat.

Für das Modell wird eine Projektlaufzeit von 12 Jahren unterstellt. Die anfänglichen kalkulierten Bewirtschaftungskosten des Betreibers betragen 5 Mio. €. Die Bewirtschaftungskosten werden jährlich um 3% indexiert und stehen in jeder Projektperiode unter Unsicherheit. Die Kalkulationsparameter des privaten Betreibers hinsichtlich seiner Risikoeinschätzung sind in der Tab. 7.5 dargestellt.

Aus der Kostenkalkulation des Betreibers resultieren somit über die gesamte Projektlaufzeit Bewirtschaftungskosten von 70,9 Mio. €, die um seinen Risikozuschlag auf 72,4 Mio. zu erhöhen sind. Inklusive seiner Gewinnmarge von 1 Mio. € bietet der Betreiber die Leistungen für 73,4 Mio. € an.

Aus den Daten berechnet sich mittels simulativer Risikoanalyse das folgende Risikoprofil des Betreibers zum Projektstart (siehe Abb. 7.6).

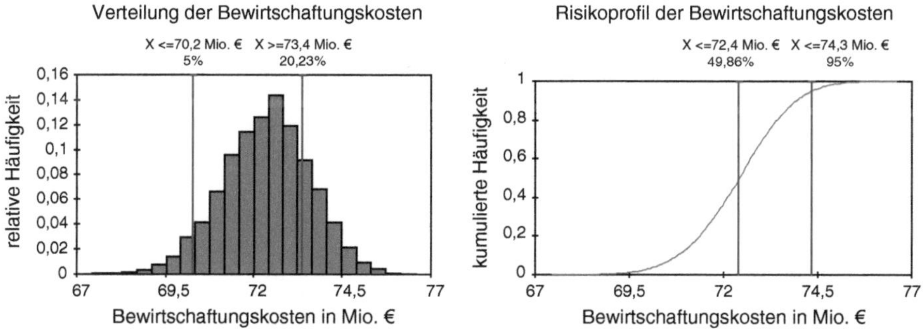

Abb. 7.6 Risikobewertung mit der simulativen Risikoanalyse in Periode t = 0 (Quelle: Eigene Darstellung)

In der linken Abbildung ist die Verteilungsfunktion der Kosten des Betreibers ersichtlich. Daraus ist zu entnehmen, dass in ungefähr 20% aller Fälle Bewirtschaftungskosten von mehr als den ursprünglich von ihm angebotenen 73,4 Mio. € (rechte Vertikalmarkierung) resultieren. In derartigen Fällen besteht die Gefahr, dass der Betreiber seine Leistungsbereitschaft einschränkt oder Nachträge zu generieren versucht. In 80% aller Fälle können hingegen die Bewirtschaftungskosten von 73,4 Mio. € unterschritten werden, sodass dem Betreiber zumindest kein Verlust entsteht. Aus dem Risikoprofil in der rechten Grafik ist zudem zu entnehmen, dass in 50% aller Fälle eine Chance für den Betreiber entsteht, da die Bewirtschaftungskosten unter seinen kalkulierten Kosten von 72,4 Mio. € liegen und er eine höhere als die angestrebte Marge erhält. In 5% aller Fälle ($VaR_{0,95}$) jedoch können Bewirtschaftungskosten von mehr als 74,3 Mio. € (rechte Vertikalmarkierung) resultieren und somit ist im Extrem-Fall ein Verlust des Betreibers von 0,9 Mio. € möglich.

Mit dem im Status quo angewendeten Zuschlagverfahren waren bisher ausschließlich Aussagen möglich, wie hoch die erwarteten kalkulatorischen Risikokosten im Mittel liegen. Nun sind schon vor Vertragsschluss Aussagen möglich, die darauf schließen lassen, mit welcher Wahrscheinlichkeit der private Partner seine Zielvorgaben erreicht bzw. verfehlt.

Bei einer Neubetrachtung der Risikosituation im Laufe der Betriebsphase sollte an erster Stelle ein klassischer Soll-Ist-Vergleich der kalkulierten mit den wirklich angefallenen Kosten erfolgen, um eine Transparenz über die aktuelle Kosten- und Erlössituation zu erzeugen. Eine derartige Vorgehensweise wird schon in den aktuellen PPP-Projekten im Rahmen des Projektcontrollings durchgeführt. Im Modellbeispiel soll der Einfachheit halber davon ausgegangen werden, dass in den ersten 5 Projektjahren insgesamt schon Bewirtschaftungskosten von 35 Mio. € in Folge unvorhergesehener Mengen- und Preissteigerungen angefallen sind. Infolgedessen hat der Betreiber erhebliche Verluste erleiden müssen. Darüber hinaus wird zum Zwecke eines effektiven Risikocontrollings eine Neubewertung der Risikosituation vorgenommen.

Bei einer neuerlichen Risikobewertung nach Ablauf der ersten fünf Projektjahre stellt sich die Risikosituation deutlich anders dar, sodass eine Bewertung der Risikosituation für die verbleibenden 7 Jahre mit folgenden Parametern vorgenommen wird (siehe Tab. 7.6).

Tab. 7.6 Eingangsparameter der Prognose der Bewirtschaftungskosten nach 5 Jahren

Anfängliche Bewirtschaftungskosten in Periode t = 6 in €	5,8 Mio. €		
Berechnung des Risikozuschlags			
Szenario	Abweichung von der Bezugsgröße	Wahrscheinlichkeit des Szenarios	Schadenshöhe in % der Bezugskosten
Große Unterschreitung	−5%	20%	−0,80%
Geringe Unterschreitung	−3%	10%	−0,30%
Keine Abweichung	0%	30%	0%
Geringe Überschreitung	+15%	25%	3,75%
Große Überschreitung	+30%	15%	4,50%
Summe		**100%**	**7,15%**

Quelle: Eigene Darstellung.

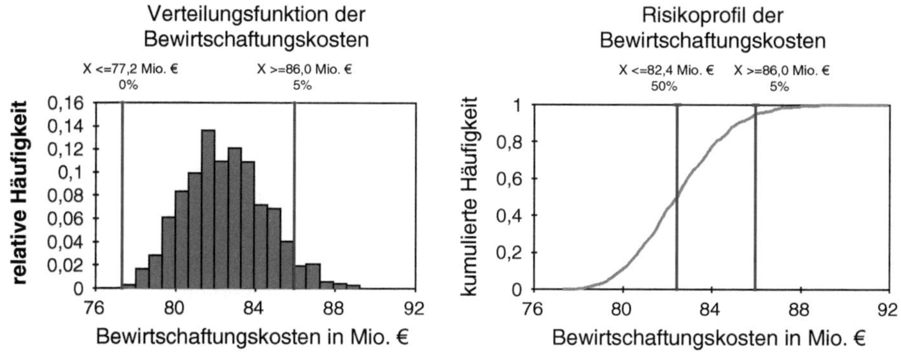

Abb. 7.7 Risikoneubewertung mit der simulativen Risikoanalyse in Periode t = 5 (Quelle: Eigene Darstellung)

Am Ende des fünften Projektjahres resultiert das in Abb. 7.7 dargestellte Risikoprofil des dann noch sieben Jahre laufenden Projekts.

Am Ende des fünften Jahres wird nun aus der Verteilungsfunktion deutlich, dass im Minimum insgesamt mit Bewirtschaftungskosten von 77,2 Mio. € (linke Vertikalmarkierung) zu rechnen ist. Gegenüber der angebotenen Summe von 73,4 Mio. € entspricht dies einem minimalen Verlust von 3,8 Mio. € über die Projektlaufzeit. Daneben kann aus dem Risikoprofil abgeleitet werden, dass im Mittel mit 82,4 Mio. € (linke Vertikalmarkierung) gerechnet werden muss und in 5% aller Fälle ($VaR_{0,95}$) sogar Kosten von cirka 86 Mio. € oder mehr (rechte Vertikalmarkierung) eintreten können. Insofern besteht auf Seiten der Öffentlichen Hand ein erhöhtes Partnerrisiko, da der Betreiber bei einer aus seiner Sicht derartig schlechten Prognose der zukünftigen Kosten- und Erlössituation zumindest versucht sein wird, seine Position durch Nachträge zu verbessern. Im schlimmsten Falle könnte sogar eine Insolvenz des Betreibers drohen.

Die soeben aufgezeigte Vorgehensweise sollte turnusmäßig durchgeführt werden. Aus der Soll-Ist-Betrachtung und der jeweils erneuerten Risikoeinschätzung kann eine zukunftsorientierte Auswertung erfolgen, die eine Bewertung des Partnerrisikos zulässt.

2 Organisatorische Einbettung des Performance-Controllings

Die Häufigkeit und der Detaillierungsgrad des Performance-Controllings sollten auf noch zu entwickelnden Branchenstandards aufbauen und sind darüber hinaus im Vertragswerk en detail zu regeln. U. a. sind Antworten auf die folgenden Fragen zu finden:

1. Wie ist der Prozess der Aktualisierung der Prognosedaten im Rahmen der Finanzplanungen zu gestalten?
2. Wer ist für die Aktualisierung der Prognosedaten verantwortlich?
3. Wie ist die Qualität der Prognosedaten abzusichern?

4. Wie sind divergierende Einschätzungen der Zukunftsentwicklung zu behandeln?
5. In welchen zeitlichen Abständen sind die revolvierenden Aktualisierungen durchzuführen?
6. An wen werden die Ergebnisse berichtet und mit welchem Prozess wird auf neu erkannte Schieflagen reagiert?

Die Antworten auf die oben gestellten Fragen dürften sich von Projekt zu Projekt grundsätzlich nur geringfügig unterscheiden. Eine recht weitgehende Standardisierung des Performance-Controlling Prozesses sowie der Instrumente und der Organisationsstrukturen erscheint möglich und sollte angestrebt werden.

3 Risikofrühwarnsystem als Erweiterung des Performance Controllings

Im Zuge des Performance-Controllings ist ein Risikofrühwarnsystem einzurichten, welches die Funktion zu erfüllen hat, frühzeitig anzuzeigen, ob extreme und unvorhersehbare Partnerrisiken für die beteiligten Akteure drohen und Gegenmaßnahmen ergriffen werden sollten. Im Rahmen des Perfomance-Controllings kann zu jeder Zeit für jeden beteiligten Akteur eine Aussage darüber getroffen werden, mit welcher Wahrscheinlichkeit dieser seine Ziele erreichen wird (siehe hierzu beispielhaft Abb. 7.8).

Den beiden Verteilungsfunktionen in Abb. 7.8 ist das jeweilige Chancen-Risikoprofil des Betreibers vor Projektbeginn und mit Abschluss des ersten Projektjahres zu entnehmen, mit welchem die im oben dargelegten Beispiel angestrebte Marge von 1 Mio. € erreicht wird. Die jeweils grau gekennzeichnete Fläche links der Vertikalmarkierung stellt das Risiko dar, die angestrebten Ziele zu verfehlen. Die weiße Fläche stellt die Chance dar, diese zu übertreffen. Im Beispiel ist erkennbar, dass schon nach einem Projektjahr eine Verschiebung des Chancen-Risikoprofil zu ungunsten des Betreibers stattgefunden hat. Stellte sich zum Anfang des Projektes noch eine Chance von ungefähr 50% dar die angestrebte Marge von 1 Mio. € zu

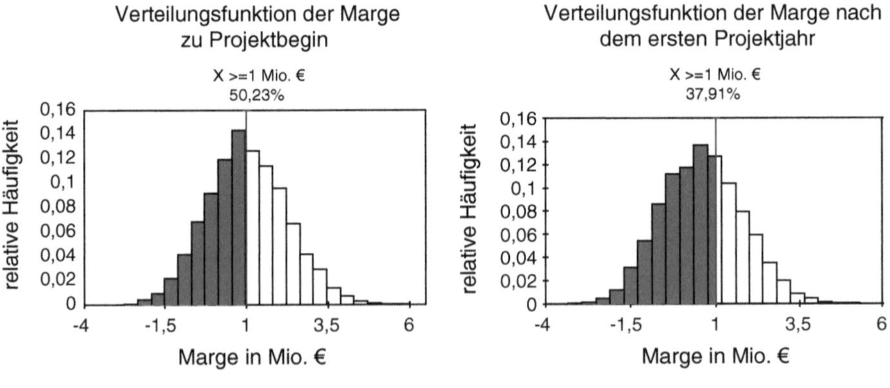

Abb. 7.8 Chancen-Risikoprofil des Betreibers in den Perioden vor und nach dem ersten Projektjahr (Quelle: Eigene Darstellung)

erreichen oder zu übertreffen, liegt diese nach einem Projektjahr nur noch bei ungefähr 38%.

Die so gewonnenen Daten bzw. Zeitreihen sind im Rahmen des Risikofrühwarnsystems zu sammeln und auszuwerten. Im Vertragswerk sind für jeden der Projektbeteiligten Schranken zu definieren, ab deren Überschreitung ein Warn- bzw. Reaktionsmechanismus in Gang gesetzt wird. Insofern haben die beteiligten Akteure sich darüber zu verständigen, wie das Risiko-Chancen-Profil eines Partners aussehen muss, damit eine Information aller anderen Partner erfolgt.

Weiterhin muss geklärt werden, wer Nachricht von einer veränderten Risikosituation erhält, so dass in der Folge ein Prozess eingeleitet werden kann, der dabei hilft, Partnerrisiken frühzeitig zu begegnen. Wird eine definierte Mindestrendite bzw. ein Mindest-Wirtschaftlichkeitsvorteil (bspw. 50% der angestrebten Marge) unterschritten, sind die Akteure aufgefordert, eine detaillierte Analyse der Planabweichung vorzunehmen und einen Risikobericht vorzulegen, so dass die Ursachen aufgedeckt werden. So kann in der Folge kooperativ entschieden werden, wie auf diese Fehlentwicklung reagiert werden kann.

7.4 Bandbreitenmodelle als Methode einer situationsbezogenen Risikoteilung

Das Performance-Controlling System erfüllt die Aufgabe der Informationsbereitstellung zur Steuerung der partnerschaftlichen Beziehungen. Die erzielten Ergebnisse sind in einem weiteren Schritt in Handlungsoptionen umzusetzen, mit deren Hilfe für das PPP effizienzhemmende Partnerrisiken abgewehrt werden können. In bisherigen PPP-Konstruktionen wird davon ausgegangen, dass Risiken in der Regel voll umfänglich auf eine der Parteien übertragen werden. Wie oben deutlich wurde, birgt dieses Vorgehen die Gefahr, dass damit auch Risiken in Art und vor allem Ausmaß übertragen werden, die für eine einzelne Partei nicht mehr beherrschbar sind. In Extremsituationen droht die Partnerschaft zum Beispiel am Konkurs eines beteiligten Unternehmens zu zerbrechen. Vorher steigt die Gefahr, dass der durch das Eintreten der Risiken stark belastete Partner die Gefahren für seine wirtschaftliche Situation zu Lasten der Anderen abzuwenden versucht.

Dass Risiken innerhalb der normalen Grenzen auf die jeweiligen Parteien nachhaltig zu verteilen sind und diese dort auch bleiben, ist unstrittig. Zu Hinterfragen ist allerdings, ab welchem Punkt diese normalen Grenzen überschritten werden. Zur Lösung der Frage dient die folgende Verdeutlichung der Akteursperspektiven.

1 Abhängigkeiten der Finanzplanungen der beteiligten Akteure

Finanzwirtschaftliche Risiken resultieren aus den Unsicherheiten über die Höhe der jeweiligen Zahlungen in den Cashflows. Wie schon oben gezeigt wurde, bestehen Interdependenzen zwischen den Finanzplanungen der beteiligten Akteure, so dass beispielsweise eine unvorhergesehene Erhöhung der Bewirtschaftungskosten nicht nur die Finanzplanungen des Betreibers beeinflusst, sondern auch die Finanzplanung und das Chancen-Risiko-Profil der Öffentlichen Hand. Wenn man davon ausgeht, dass die Erhöhung der Bewirtschaftungskosten auch bei einer konventionellen Realisierung des Projektes eingetreten wäre, erhöht sich der Effizienzvorteil der Öffentlichen Hand bei einer neuerlichen Finanzplanung.

In der Praxis von PPPs lassen sich die Risiken ebenso wie die Chancen der Vertragspartner an unterschiedlichen Kriterien festmachen. Während bei Bauunternehmen, Betreibern und Banken die Rendite der Maßstab des Erfolgs ist, geht es aus Sicht der Kommune um den Kostenvorteil in der Immobiliennutzung. Dieser Wirtschaftlichkeitsvorteil wurde zu Beginn des Projekts zwischen PPP-Variante und konventioneller Beschaffungsvariante in der abschließenden Wirtschaftlichkeitsuntersuchung ermittelt. Wird im Rahmen des Performance-Controllings der Erfolg der einzelnen Partner fortgeschrieben, so zeigt sich neben der dynamischen Entwicklung der Rendite der privaten Partner auch eine Dynamik im Wirtschaftlichkeitsvorteil der PPP-Variante gegenüber der (nunmehr hypothetischen) konventionellen Beschaffungsvariante. Treten die an einen privaten Partner übertragenen Risiken ein, so ist davon auszugehen, dass die entsprechenden Kostensteigerungen auch die konventionelle Beschaffungsvariante getroffen hätten. Im Ergebnis steigt der Wirtschaftlichkeitsvorteil der PPP-Variante gegenüber der konventionellen Beschaffung mit jedem Eintreten übertragener Risiken.

Die soeben dargestellten Zusammenhänge sollen an folgendem einfachem Modell dargestellt werden, wobei der Einfachheit halber auf eine Abdiskontierung der Zahlungsströme verzichtet werden soll. Die Eckdaten des bewusst einfach gehaltenen Modells sind Tab. 7.7 zu entnehmen.

Ausschließlich die schon zuvor betrachteten Bewirtschaftungskosten stehen unter Unsicherheit (siehe Tab. 7.8).

Für die Öffentliche Hand stellt sich das Chancen-Risikoverhältnis mit Vertragsschluss somit, wie in Abb. 7.9 dargestellt, dar.

Mit einer Wahrscheinlichkeit von 91,7% realisiert die Öffentliche Hand mit der PPP-Realisierung einen Wirtschaftlichkeitsvorteil gegenüber einer konventionellen

Tab. 7.7 Vergleich der konventionellen Variante mit der PPP-Variante

	PPP-Variante	Konventionelle Beschaffung
Bau		
Bauzeit		1 Jahr
Baupreis	25.000.000	28.000.000
Betrieb		
Anf. Bewirtschaftungspreis	5.200.000	5.500.000
Anf. Selbstkosten Betreiber	5.000.000	
Teuerungsrate Bewirtschaftungskosten p. a.		3,00%
Dauer der Betriebsphase		12 Jahre
Finanzierung		
FK Zinssatz (EURIBOR + 40 bis 60 Pkte)	5,00%	4,90%
Anfängliche Tilgung des Darlehens p. a.	1,00%	1,00%

Quelle: Eigene Darstellung.

Tab. 7.8 Bewirtschaftungskosten in der konventionellen Variante

Szenario	Abweichung von der Bezugsgröße	Wahrscheinlichkeit des Szenarios	Schadenshöhe in % der Bezugskosten
Große Unterschreitung	−10%	10%	−1,00%
Geringe Unterschreitung	−5%	10%	−0,50%
Keine Abweichung	0%	30%	0%
Geringe Überschreitung	+5%	30%	1,50%
Große Überschreitung	+10%	20%	2,00%
Summe		**100%**	**2,00%**

Quelle: Eigene Darstellung.

Realisierung. Nur in 8,3% aller Fälle stellt sich mit der PPP-Beschaffungsvariante kein Wirtschaftlichkeitsvorteil ein (linke Vertikalmarkierung), wobei sogar in 5% ($VaR_{0,95}$) aller Fälle (rechte Vertikalmarkierung) ein Wirtschaftlichkeitsvorteil von 16,5% oder mehr realisiert wird. Das Chance-Risiko-Profil der Öffentlichen Hand stellt sich somit positiv dar. Im ungünstigsten Fall entsteht der Kommune ein Wirtschaftlichkeitsnachteil von 7,8%.

Angenommen die Risiken im Bereich Betriebskosten treten ein, so ist eine PPP vorteilhaft für die Kommune, da sie diese Risiken in den typischen PPP- Konstruktionen an die privaten Partner abwälzt. Im Extrem entsteht der Kommune dadurch einen Vorteil von 20 Mio. €. Bei grob gerechneten Lebenszykluskosten von insgesamt 100 Mio. € ist das ein Vorteil von circa einem Fünftel, während der Partner aus dem Betreiberbereich Verluste macht.

Betrachtet man die gesamte Partnerschaft aus dieser Perspektive, so münden die Überlegungen in einem Nullsummenspiel, in dem eine Partei im Wirtschaftlichkeitsvorteil das gewinnt, was die andere Partei an Rendite verliert. Dieses Null-

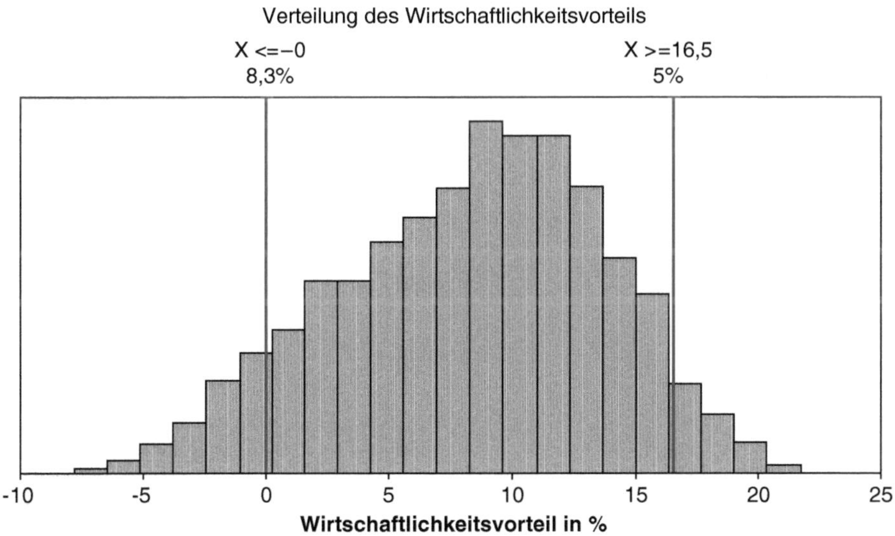

Abb. 7.9 Verteilung des Wirtschaftlichkeitsvorteils (Quelle: Eigene Darstellung)

summenspiel wird durch die oben dargestellten opportunistischen Reaktionen der Parteien durchbrochen. Durch das eigennützige Verhalten der Betroffenen könnten der PPP zusätzliche Kosten oder schlechtere Leistungen entstehen, die die Wirtschaftlichkeit der gesamten PPP-Konstruktion u. U. gefährden, gleichgültig wer am Ende die Mehrkosten zu tragen hat.

Ökonomisch betrachtet wird ein starres Festhalten an der ursprünglichen Risikoteilung dann ineffizient, wenn die Risiken für die nicht betroffenen Akteure in Summe größer werden als die Kosten einer Neuaufteilung der Risikosituation. Der Vorteil eines partnerschaftlich aufgebauten Beschaffungsmodells der PPP liegt im Vergleich zu einem klassischen Contracting-out gerade darin, dass die Behebung derartiger Ineffizienzen durch gemeinsame, flexibel gestaltbare Reaktionsstrategien zum Management neuer oder zum Zeitpunkt des Vertragsschlusses falsch eingeschätzter Risiken möglich ist.

Diese zunächst theoretische Überlegung ist im praktischen Anwendungsfall konkret mit Leben zu füllen. Auf der Ebene von Einzelrisiken liegen bereits erste Erfahrungen mit Bandbreitenmodellen vor. Über die Neuadjustierung auf der Ebene der Einzelrisiken hinaus ist eine Fixierung auf Ebene des summierten ökonomischen Erfolgs der einzelnen Partner denkbar. Beide Konzepte werden nachfolgend näher erläutert.

2 Vertraglich vereinbarte Regelungen für Einzelrisiken

Derzeit werden in Projektverträgen für unkalkulierbare Risiken Schwellenwerte bzw. Bandbreiten vorgesehen, ab deren Überschreitung beispielsweise eine Teilung der angefallenen Kosten zwischen den beteiligten Partnern erfolgt. Ein klassisches Beispiel ist in dieser Hinsicht das Vandalismusrisiko. Für einen privaten Anbieter ist es beispielsweise im Schulbereich äußerst schwer eine Abschätzung vorzunehmen, in welcher Höhe jährliche Kosten aus Vandalismusschäden einzukalkulieren sind. Infolgedessen wird zumeist ein Risikobudget ausgehandelt, ab dessen Überschreiten eine Teilung der Kosten erfolgt. In gleicher Weise werden auch die möglichen unerwarteten „Erlöse“ aus nicht eingetretenen Vandalismusschäden zwischen den Partnern geteilt (siehe Abb. 7.10).

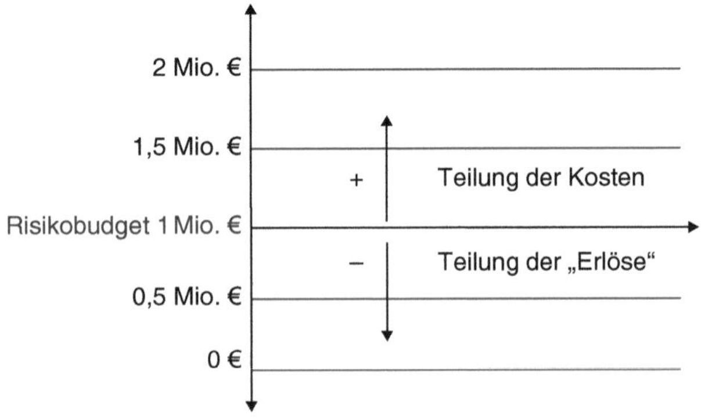

Abb. 7.10 Kosten- bzw. Erlösteilung bei Über- bzw. Unterschreitung der Schwellenwerte (Quelle: Eigene Darstellung)

Auch für andere Einzelrisiken wie die Baukostensteigerung oder das Zinsänderungsrisiko sind solche Schwellenwerte denkbar. Dabei muss es nicht zwangsläufig effizient sein, dass zur Vereinbarung eines Schwellenwertes für Kosten*über*schreitungen in Verbindung mit entsprechenden Ausgleichsmechanismen automatisch eine entsprechende Regelung für Kosten*unter*schreitungen gehört.

3 Vertraglich fixierte Bandbreiten für Chancen und Risiken aus der Partnerschaft

Um die Chancen und Risiken der beteiligten Akteure zu begrenzen, können in den PPP-Verträgen Bandbreiten für den Wirtschaftlichkeitsvorteil auf Seiten der öffentlichen Hand sowie die Renditen der privaten Partner festgelegt werden, deren Über- bzw. Unterschreitung einen Reallokationsmechanismus auslöst. Greift man nochmals das oben dargestellte Beispiel des Betreibers auf, der durch eine Steigerung der Bewirtschaftungskosten erheblich belastet wird, könnten schon im PPP-Vertrag Grenzen definiert werden, in denen seine Rendite liegen darf, ohne das eine Reallokation der Risiken angestoßen wird (siehe Abb. 7.11).

Verlässt die reale Entwicklung diesen Korridor, kommt es zu Ausgleichszahlungen der besser gestellten Partner an die übrigen, beziehungsweise einem Ausgleich der Verlustspitzen durch die nicht betroffenen Parteien. An dieser Stelle sei nochmals klargestellt, dass diese Ausgleichsmechanismen nur für unvorhersehbare Extremfälle anzuwenden sind und die normalen Geschäftsrisiken der Akteure hiervon nicht betroffen sind. Die spiegelbildliche Behandlung der Positiv- und Negativabweichungen ist hier nur schematisch zu verstehen und muss fallweise austariert werden.

Oben wurde bereits auf die Notwendigkeit zur frühzeitigen Erkennung der Gefahren des Überschreitens der Bandbreiten hingewiesen, um mittels proaktiven Risikomanagements frühzeitig das Eintreten solcher Fälle abwenden zu können. Mit dem oben dargestellten Instrumentarium der simulativen Risikoanalyse werden

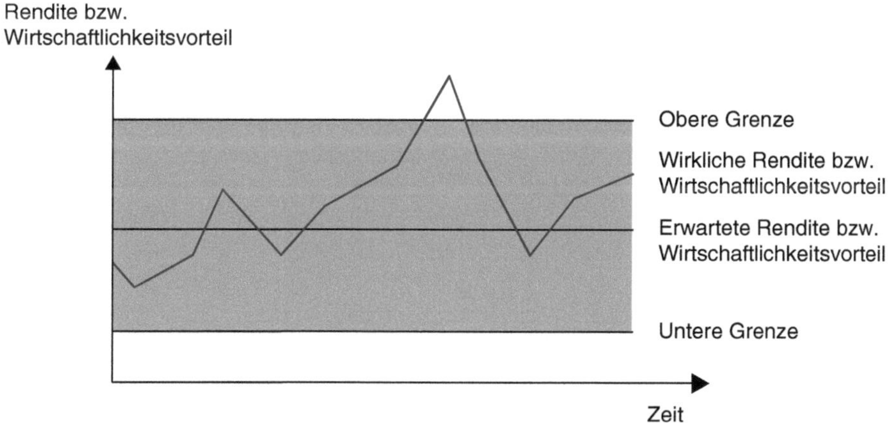

Abb. 7.11 Bandbreitenmodell zur Reallokation der Projektrisiken (Quelle: Eigene Darstellung)

Prognosen des wirtschaftlichen Erfolgs der jeweiligen Akteure möglich, deren Ergebnis auch die Wahrscheinlichkeit darstellt, mit der in der Folgezeit die Bandbreiten für die Akteure durchstoßen werden.

Die Reaktion der Projektbeteiligten erfolgt nach einem abgestuften Interventionsplan. Wird mit einer als kritisch angenommenen Wahrscheinlichkeit (beispielsweise 40%) die Bandbreite in den Negativbereich verlassen, wird der betroffene Akteur aufgefordert, ein Maßnahmenpaket zur Abwehr des Risikos vorzulegen. Die Überwachung der Situation wird im Rahmen des Krisenmanagements der PPP verschärft und die Analysezyklen im Performance-Controlling Prozess verkürzt. Stellt sich bei den folgenden Analysen eine Erhöhung des Risikos heraus, indem beispielsweise die Wahrscheinlichkeit des Bandbreitenüberschreitens auf 75% steigt, werden in einer zweiten Eskalationsstufe des Krisenmanagements Verhandlungen über einen Schadensausgleich geführt.

Die oben dargestellten Überlegungen verstehen sich als erster konzeptioneller Innovationsvorschlag zur weitergehenden Ausnutzung der grundsätzlichen Vorteile der PPP-Beschaffungsvariante im Krisenfall. Praktische Erfahrungen mit solchen Modellen bestehen noch nicht. Wissenschaft und Praxis sind dazu aufgerufen, die oben skizzierten Vorschläge kritisch zu hinterfragen, konzeptionell weiter zu entwickeln und in erste Pilotanwendungen zu überführen. Einen wichtigen Beitrag auf diesem Weg kann hierzu die Grundlagenarbeit der Partnerschaften Deutschland leisten.

7.5 Zwischenergebnis: Partnerschaftliches Verhalten der Akteure muss zwingend institutionell angelegt werden

Die mit einer Infrastrukturinvestition verbundenen Risiken sind im Laufe des Lebenszyklus des Bauwerks einer ständigen Veränderung unterworfen. Für die Umsetzung von Public Private Partnership-Projekten hat dies zur Folge, dass auch die Risikosituationen der beteiligten Vertragspartner einer Dynamik unterworfen sind. In der Folge könnten sich Partnerrisiken entwickeln, die die individuelle Risikosituation aller Beteiligten nachhaltig beeinflussen könnten.

Die Implementierung eines risikoorientierten Performancecontrollings kann dazu beitragen, eine Transparenz über die individuellen Risikosituationen der Projektbeteiligten herbeizuführen. Dem partnerschaftlichen Gedanken folgend, kann eine Reallokation der Risiken in Betracht gezogen werden, um eine dauerhafte Effizienz von PPP-Projekten zu gewährleisten. Voraussetzung dafür ist die Bereitschaft der beteiligten Akteure, ein Mindestmaß an Einblick in die eigenen Finanzplanungen zu geben. Weiterhin müssen die beteiligten Partner Regelungen in den Verträgen aufnehmen, welche Prozesse bei einer stark asymmetrischen Veränderung der Risikosituation nach Vertragsschluss durchlaufen werden, um auf diese zu reagieren. Darüber hinaus kann eine Implementierung von Bandbreitenmodellen dazu beitragen, die Erfolge bzw. Misserfolge der beteiligten Partner zu begrenzen und somit auf vertraglicher Basis Partnerrisiken vorzubeugen bzw. entgegenzuwirken.

Literatur und Lesetipps

Zitierte Literatur

BMVBW (2003c): Gutachten – PPP im Öffentlichen Hochbau, Band III: Wirtschaftlichkeitsuntersuchungen, Arbeitspapier 4: Technik des Vergleichens. Berlin.

Jensen, C. Michael; Meckling, William H. (1976): Theory of the firm: Managerial Behavior, Agency costs and ownership structure, in: Journal of Financial Economics. Heft 3/1076, pp. 305–360.

Pfnür, Andreas; Eberhardt, Tim (2006): Allokation und Bewertung von Risiken in immobilienwirtschaftlichen Public Private Partnerships. In: Budäus, Dietrich (Hrsg.): Kooperationsformen zwischen Staat und Markt. Theoretische Grundlagen und praktische Ausprägungen von Public Private Partnership. Baden-Baden: Nomos Verlagsgesellschaft, S. 159–186.

Schöbener, Henning; Schetter, Christoph; Pfnür, Andreas (2007): Reliability of Public Private Partnership Projects under Assumption of Cash Flow Volatility. In: Pfnür, Andreas (Hrsg.): Arbeitspapiere zur immobilienwirtschaftlichen Forschung und Praxis. Band Nr. 11, Darmstadt.

Ausgewählte weiterführende Literaturempfehlungen

Jensen, C. Michael; Meckling, William H. (1976): Theory of the firm: Managerial Behavior, Agency costs and ownership structure, in: Journal of Financial Economics. Heft 3/1076, pp. 305–360.

Pfnür, Andreas; Eberhardt, Tim (2006): Allokation und Bewertung von Risiken in immobilienwirtschaftlichen Public Private Partnerships. In: Budäus, Dietrich (Hrsg.): Kooperationsformen zwischen Staat und Markt. Theoretische Grundlagen und praktische Ausprägungen von Public Private Partnership. Baden-Baden: Nomos Verlagsgesellschaft, S. 159–186.

Richter, Rudolf; Furubotn, Eirik G. (2003): Neue Institutionenökonomik. Eine Einführung und kritische Würdigung, 3. überarbeitete und erweiterte Auflage, Verlag J.C.B Mohr, Tübingen.

Spremann, Klaus (1990): Asymmetrische Information, in: Zeitschrift für Betriebswirtschaft, Heft 5/6, S. 562–586.

Kapitel 8
Möglichkeiten und Grenzen der Übertragung von PPP-Risiken auf Dritte

Ein Risikoeintritt, d. h. eine Abweichung von einem geplanten ökonomischen Wert, bewirkt unbedingt eine Veränderung monetärer Größen. So stellt z. B. eine Terminüberschreitung letztlich nur dann ein wirtschaftliches Risiko dar, wenn mit ihr finanzielle Auswirkungen wie etwa Vertragsstrafen, Einnahmenausfälle, zwischenzeitliche Preissteigerungen oder Zahlungsverzüge verknüpft sind. Deswegen ist der Risikotransfer ein finanzwirtschaftliches Geschäft und die Kapitalgeber schultern die mit einer unternehmerischen Investition übernommenen Risiken. Hierüber gelangt man zu Finanzierungsfragestellungen im Zusammenhang mit PPPs, für die Risikokapital benötigt wird. Risikokapital besitzt allgemein die folgenden Eigenschaften: Es besteht keine Rückzahlungsverpflichtung, kein Kündigungsrecht des Kapitalgebers, kein fester Zinsanspruch und es geht im Konkursfall verloren.

Das abschließende Kapitel befasst sich vor diesem Hintergrund mit Parteien, die, abgesehen von den öffentlichen Auftraggebern sowie den operativ tätigen Industriesponsoren, aus der Perspektive der Kapitalmärkte prinzipiell in der Lage sind, PPP-Risiken zu tragen und zu steuern. In Bezug auf Public Private Partnerships lassen sich Optimierungspotentiale vermuten, sofern die Einbindung solcher Akteure zu einer effizienteren Risikoallokation führt. Der Projektdynamik Rechnung tragend ist nicht die Risikoallokation bei Vertragsabschluss ausschlaggebend, vielmehr ist eine Flexibilität über den gesamten Lebenszyklus hinweg wünschenswert.

Es entspricht dem Wesen der Kapitalmärkte, dass dort Risiken kontinuierlich gehandelt (transformiert) werden. Etwas anders ausgedrückt ist Kapital von seinem Wesen her flüchtig und PPPs stehen mit beliebig vielen anderen Investitionsmöglichkeiten im Wettbewerb um die Gunst der Kapitalgeber. Dies gilt nicht nur für die Erstausstattung einer PPP mit finanziellen Mitteln am Primärmarkt, sondern auch für den Handel mit bestehenden Forderungs- und Beteiligungstiteln am Sekundärmarkt. Je mehr Kapitalquellen erschlossen werden, desto intensiver fällt der Wettbewerb aus – mit entsprechend positiven Effekten auf die Kapitalkosten einer PPP, die es zu minimieren gilt.

Es zeigt sich in Theorie und Praxis, dass die finanzwirtschaftliche Sphäre von PPPs bisher deutlich hinter der leistungswirtschaftlichen zurück bleibt. Angesichts der Tatsache, dass die Nutzungskosten der Öffentlichen Hand für eine PPP-Einrichtung nahezu ausschließlich während der Betriebsphase anfallen und die Kapi-

A. Pfnür et al., *Risikomanagement bei Public Private Partnerships*,
DOI 10.1007/978-3-642-01073-6_8, © Springer-Verlag Berlin Heidelberg 2010

talkosten (inkl. Kapitalrückführung) hieran einen maßgeblichen Anteil von 50% und mehr haben, besteht demzufolge großer Nachholbedarf hinsichtlich finanzwirtschaftlicher PPP-Problemstellungen und dem mit Finanzierungsmaßnahmen einhergehenden Risikotransfer.

Das vorliegende Kapitel hat zum Ziel, das bisher vorherrschende Verständnis der PPP-Finanzierung im betriebswirtschaftlichen Sinne weiterzuentwickeln und darauf aufbauend zwei verschiedene Grundgedanken eingehender zu erörtern:

a) Die Einbeziehung von Finanzinvestoren, die nicht operativ produzierend an der PPP beteiligt sind, aber im Rahmen von Projektfinanzierungsstrukturen Risikokapital zur Verfügung stellen.
b) Absicherungsmechanismen im Zusammenhang mit Forfaitierungsstrukturen, d. h. die Möglichkeiten und Grenzen des Poolings von Risiken, die infolge von Einredeverzichtserklärungen durch die öffentlichen Projektpartner übernommen werden.

Ergänzend werden die wesentlichen kapitalmarkttheoretischen Hintergründe vorgestellt und einige generelle Überlegungen zur Kapitalmarktfähigkeit von PPP-Risiken angesprochen.

8.1 Zum Finanzierungsverständnis im Rahmen von PPPs

Die vorausgehenden Kapitel haben Entwicklungspotenziale des Risikomanagements bei PPP-Projekten dargelegt und aufgearbeitet. Aus einer kapitalmarktorientierten Perspektive heraus ist dies bedeutsam: Wer Risiken richtig bewertet sowie effizient und effektiv steuert, kann die Risikotransformation mittels Finanzierung zur Gänze erfassen. Wer die Risikotransformation zur Gänze erfasst, kann das richtige Bild von Finanzierung in all ihren Facetten entwickeln.

Die folgenden Unterabschnitte machen deutlich, dass in der gegenwärtigen praktischen und theoretischen PPP-Diskussion eine Fehlauffassung der Finanzierung vorliegt und untermauern damit die Relevanz der zuvor aufgearbeiteten Entwicklungsfelder des Risikomanagements.

8.1.1 Gängige Auffassung: Finanzierung als Leistungsbaustein

Die weiter oben eingeführte begriffliche Klarstellung für Public Private Partnerships (siehe Abschn. 2.2) bedeutet zunächst einmal schlicht und ergreifend, dass die Öffentliche Hand bestimmte Leistungen, die als Inputfaktoren des Gesamtsystems Infrastrukturbereitstellung aufzufassen sind, nicht selbst erstellt, sondern auf einem privatwirtschaftlich organisierten Beschaffungsmarkt einkauft. Das Leistungspaket setzt sich, allgemein gesprochen, aus vier bis fünf Hauptelementen oder Phasen zusammen: Planen, Bauen, Finanzieren, Betreiben und ggf. Verwerten.

Abb. 8.1 Grundverständnis von Finanzierung als Leistungsbaustein bzw. Lebenszyklusphase einer PPP (Quelle: Eigene Darstellung in Anlehnung an Budäus (2006, S. 21) und Alfen u. Daube (2005, S. 32))

Im Sinne dieser Terminologie stellt die Finanzierung einen wesentlichen Leistungsbaustein der Public Private Partnership dar, der, wie alle anderen Bausteine ebenso, von einem privaten Produzenten bezogen wird. Eine solche Überzeugung impliziert, dass der private Partner im PPP-Modell eine Finanzierungsleistung erbringt, die Gegenstand der güterwirtschaftlichen Wertschöpfungskette ist. Schematisch gliedert sich die Finanzierung damit, wie in Abb. 8.1 dargestellt, in den PPP-Beschaffungsprozess ein.

Das hier dargestellte Grundverständnis von Finanzierung hat seinen Ursprung im angelsächsischen Raum, wo der Begriff Design, Build, *Finance*, Operate (DBFO) für inhaltlich vergleichbare Beschaffungskonzepte geprägt wurde. Namentlich verkörpert die Finanzierung eine Mittelbeschaffungsleistung, die sich in der Zahlungsstruktur der PPP mit ihrer Vorfinanzierung der Planungs- und Bauleistungen begründet.

Die Anordnung der Leistungsbausteine ist nicht chronologisch zu verstehen, denn Finanzierungsaktivitäten finden parallel zu allen anderen Phasen statt. Entscheidend ist allerdings nicht der zeitliche Anfall der einzelnen Lebenszyklusphasen, sondern der Grundgedanke, dass Finanzierung als eine Teilleistung zu verstehen sei.

8.1.2 Betriebswirtschaftliche Sichtweise: Finanzbereich als Pendant zum Leistungsbereich

Die Auffassung der Finanzierung als Leistungsbaustein der PPP erscheint insofern problematisch, als die Betriebswirtschaft allgemein eine didaktische, methodische und organisatorische Trennung zwischen Leistungs- und Finanzbereich eines Produktionshaushaltes vorsieht. Die Leistungs- oder Güterwirtschaft betrifft die Produktion und anschließende Verwertung der hergestellten Güter, während sich die Finanzwirtschaft mit den finanziellen Dimensionen des Unternehmens, insbesondere der Gestaltung der Zahlungsströme und somit auch der eigentlichen Kapitalbeschaffung, befasst. Leistungs- und Finanzwirtschaft verkörpern somit die zwei Seiten einer Medaille des betrieblichen Umsatzprozesses.

In den finanzwirtschaftlichen Bereich der Unternehmung fallen die Funktionen Risikomanagement, Controlling und, Finanzen. Letztere deckt sämtliche Aktivitäten im Kontext der Zahlungsmittelbeschaffung ab, also die traditionell verstandene Finanzierungsleistung einer Public Private Partnership aber bspw. auch das Liquiditäts- und Währungsmanagement. Grundlage aller finanzwirtschaftlichen Tätigkeiten sind vielfältige Zahlungsströme innerhalb des Unternehmens sowie über Außenschnittstellen zu Absatz, Beschaffungs- und Kapitalmärkten.

Wenn die Leistungserstellung als Hauptaufgabe eines Produktionshaushaltes angesehen wird, folgt daraus, dass die Finanzierung deren Voraussetzung und nicht deren (Teil-) Resultat darstellt. Sie ist gemäß der betriebswirtschaftlichen Überzeugung Funktion und Ermessensspielraum der Unternehmensleitung und nicht Beschaffungsgut des Abnehmers.

Diese Systematik sollte generell auf Public Private Partnerships übertragen werden, denn sie verkörpern zweifelsohne betriebswirtschaftliche Produktionsprozesse, deren Leistungsbündel sich im Wesentlichen aus den Elementen Planen, Bauen, Betreiben und Verwerten einer investiven Infrastrukturmaßnahme zusammensetzt. Aufgrund der regelmäßigen Organisation der Produktion in einer eigenständigen Projektgesellschaft lässt sich die PPP formal sogar als ein (Einprodukt-) Unternehmen betrachten. Daraus folgt, dass die Finanzierung der PPP-Produktion nicht als eine Beschaffungsleistung, als Phase oder gar als Element der Wertschöpfungskette, sondern als ein essentieller und lebenszyklusübergreifender Teil des finanzwirtschaftlichen Systems, komplementär zur Güterproduktion, zu begreifen ist (siehe Abb. 8.2).

Die spezifische Charakteristik des Erlöszahlungsstroms einer PPP, der die Bauleistung nicht unmittelbar, sondern verteilt über die vereinbarte Betriebszeit abgilt, rechtfertigt nach Ansicht der Verfasser nicht, entgegen einer betriebswirtschaftlich orientierten Betrachtungsweise, von einer Finanzierungsleistung zu sprechen. Davon abgesehen wäre eine Finanzierungsleistung solchermaßen auch ein Finanzprodukt, wodurch die PPP-Auftragnehmer, d. h. in erster Linie die Projektgesellschaft, sprachlich in die Nähe eines Kreditinstituts rücken, was sicher nicht der Wahrnehmung der beteiligten Akteure entsprechen dürfte.

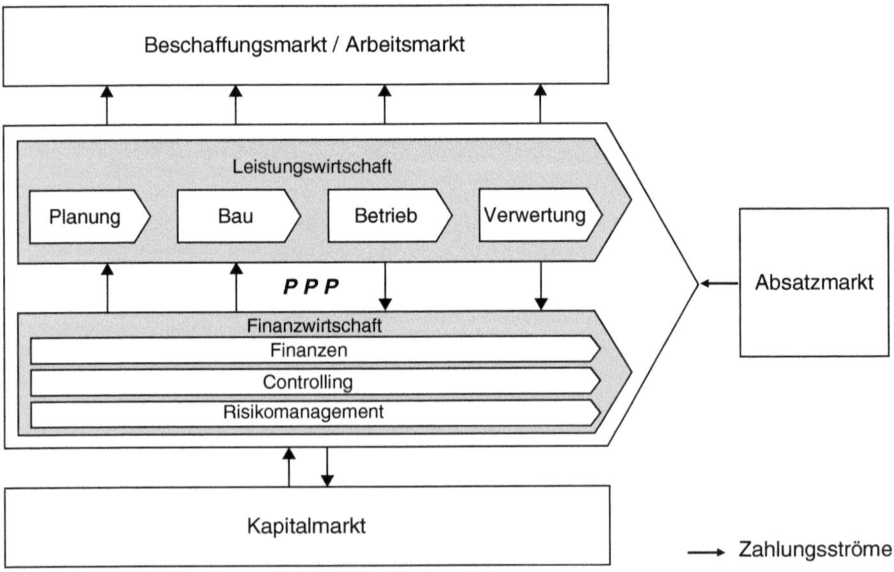

Abb. 8.2 Leistungs- und finanzwirtschaftlicher PPP-Prozess (Quelle: Eigene Darstellung)

8.1.3 Auswirkungen der Fehlauffassung der Finanzierung

In der Folge eines an betriebswirtschaftlichen Konzepten orientierten Finanzierungsverständnisses für PPPs sollten sich finanzwirtschaftliche Optimierungspotenziale realisieren lassen. Bis dato ist festzustellen, dass deren leistungswirtschaftliche Perspektive in Wissenschaft und Praxis eindeutig im Vordergrund steht und in dieser Dimension ein hoher Effizienzgrad realisiert wird. Die finanzwirtschaftliche Wertschöpfung im PPP-System bleibt demgegenüber aufgrund der Reduktion ihrer Perspektive auf einen Leistungsbaustein „Mittelbeschaffung" zwangsläufig zurück. Etwas überspitzt ausgedrückt, fällt im Rahmen einer PPP ein Investitionskredit an den öffentlichen Auftraggeber als (gleichsam zufälliges) Nebenprodukt der realwirtschaftlichen Leistungserbringer mit ab. Eine derartig stiefmütterliche Behandlung wird jedoch der Bedeutung finanzwirtschaftlicher Fragestellungen im PPP-System nicht gerecht und dürfte letztlich zu suboptimalen Entscheidungen führen.

In der Immobilienwirtschaft gilt die ungefähre Einschätzung, dass finanzierungsabhängige Zahlungsströme (Zinsen, Tilgung, Dividenden u. ä.) in der Nutzungsphase rund die Hälfte der Gesamtausgaben verursachen.[1] Übertragen auf PPPs zeigt sich anhand dieser Grundtendenz, welche Potentiale verloren gehen, wenn finanzwirtschaftliche Fragestellungen vernachlässigt werden. Letztlich schlagen sich diese in überhöhten Kapitalkosten nieder, weil z. B. manche Kapitalquelle ungenutzt bleibt, Möglichkeiten der Risikodiversifikation nicht ausgereizt oder Refinanzierungsgewinne auf der Basis von im Zeitverlauf veränderlichen Risiken nicht ausgeschöpft werden (können).

Unabhängig davon scheint die Leistungsauffassung der Finanzierung eine nicht sachgerechte Übergewichtung des Kapitalkostenvorteils der Öffentlichen Hand im Rahmen der Wirtschaftlichkeitsuntersuchung zu provozieren. Eine PPP-Wirtschaftlichkeitsuntersuchung beruht vor allem auf einem Preisvergleich der einzelnen Leistungspakete. In dieser Diktion wird auch dem Mittelbedarf ein Zinssatz (Preis des Kapitals) zugeordnet. Auf diese Weise erhält ein Forfaitierungsmodell oder gar eine konventionelle Beschaffung der Infrastrukturmaßnahme einen vordergründigen zählbaren Vorteil, weil die Öffentliche Hand sich Kapital am preisgünstigsten selbst beschafft. Bei differenzierterer Betrachtung müsste dieser aber relativiert werden, weil Finanzierungsmaßnahmen immer auch die Risiken einer Investition neu verteilen.

Zu hinterfragen wäre außerdem, warum die Öffentliche Hand wichtige Finanzierungsentscheidungen alleine trifft und dem Wettbewerb entzieht, indem in einer Ausschreibung bereits die grundsätzliche Konzeption vorgeschrieben wird. Im herkömmlichen Modell der Finanzierung als Teilleistung der Public Private Partnership erklärt sich dieser Sachverhalt intuitiv: Der Bezieher der Leistung spezifiziert seine Anforderungen an ebendiese. Betriebswirtschaftlich gesehen bleibt es allerdings dem Unternehmer überlassen, wie er seinen Produktionsprozess finanziert. Dem kooperativen Moment der PPP folgend, könnte die Befugnis über prinzipielle Finanzierungsentscheidungen daher in die Partnerschaft hineinverlagert werden, so

[1] Vgl. Pfnür (2002, S. 38 ff., 47).

dass sich die Zahl der wettbewerblich nutzbaren Freiheitsgrade erhöht und gleichzeitig die Interessen der Öffentlichen Hand gewahrt bleiben.

8.2 Grundlagen der Risikotransformation am Kapitalmarkt

8.2.1 Zusammenhang von Rendite und Risiko

Die zukünftige Rendite einer Investition kann als unsichere Zielgröße aufgefasst werden, deren Realisierung einer bestimmten Wahrscheinlichkeitsverteilung unterliegt. Eine Risikosituation ist dadurch gekennzeichnet, dass der Entscheidungsträger die Wahrscheinlichkeiten der möglichen Umweltzustände objektiv, d. h. mit hinreichender stochastischer Genauigkeit (z. B. eine zu leistende Versicherungsentschädigung) oder subjektiv, d. h. auf Basis von Erfahrung und Überlegung, einschätzen kann. Können hingegen Wahrscheinlichkeiten weder objektiv noch subjektiv geschätzt werden, liegt eine Entscheidung unter Ungewissheit vor. Eine solche ist rationalen Erwägungen nicht mehr zugänglich, weil bei völliger Unkenntnis der relevanten Faktoren und damit der künftigen Entwicklung die Wahl einer bestimmten Alternative rein willkürlich ist.

Wenn Finanzierungstitel unsichere zukünftige Zahlungen verkörpern, stellt sich die Frage, unter welchen Voraussetzungen Wirtschaftssubjekte, für die überwiegend eine Risikoaversion vermutet werden darf, bereit sind, solche zu erwerben und in ihre Portefeuilles aufzunehmen. Über den Zins als Austauschverhältnis zwischen gegenwärtigen und zukünftigen Zahlungen kommt man dabei zu Aussagen über Risikoprämien, d. h. über Preise für die Übernahme von Risiken: Inhaber von risikobehafteten Finanzierungstiteln erwarten eine höhere Verzinsung ihrer zur Verfügung gestellten Geldmittel als bei sicherer Anlage.

Unter der zweifelsohne gegebenen Voraussetzung, dass Investoren stets mehrere Möglichkeiten zur Anlage ihrer Geldmittel haben, liefert die Portfoliotheorie die geläufigsten Erklärungsansätze für deren Verhalten hinsichtlich der Zusammenstellung ihrer Portefeuilles. Grundgedanke der Portfoliotheorie ist, dass Investoren weder isoliert ihre Rendite maximieren noch ihr Risiko minimieren, sondern stets die optimale, ihrem individuellen Nutzen entsprechende Kombination aus beiden erreichen wollen. Risikoaversion bedeutet, dass bei gleicher erwarteter, aber unsicherer Rendite zweier Portfolios dasjenige mit dem geringeren Risiko und bei gleichem Risiko dasjenige mit der höheren erwarteten Rendite strikt besser zu beurteilen ist.

8.2.2 Diversifikation von Risiken

In Bezug auf Public Private Partnerships sind Portfoliobetrachtungen von Relevanz, weil Diversifikationseffekte bei Finanzinvestoren unter Umständen eine weitergehende Wirkung entfalten können als bei operativ tätigen Sponsoren. Um Aussagen über optimale Portefeuilles ableiten zu können, sind zwei Grundtatbestände der Statistik von Bedeutung:

a) Die erwartete Rendite eines Portfolios entspricht der mit ihrem jeweiligen Anteil gewichteten Summe der erwarteten Renditen der einzelnen Investments (arithmetisches Mittel).
b) Für die Varianz rsp. Standardabweichung als Risikomaß verhält es sich nicht so einfach, denn es ist zu bedenken, dass Schwankungen einzelner Titel unterschiedlich stark ausgeprägt bzw. auch gegenläufig sein können. Das Risiko des Gesamtportfolios hängt damit von der Korrelation der Einzelrenditen untereinander ab, die mathematisch durch die Kovarianz bzw. den auf das geschlossene Intervall −1 bis +1 normierten Korrelationskoeffizienten ausgedrückt wird.

Auf eine detaillierte Herleitung der mathematischen Grundlagen wird hier verzichtet. Die Quintessenz des Sachverhalts unter b) ist, dass es sinnvoll sein kann, bei isolierter Betrachtung suboptimal erscheinende Investitionsalternativen in das Portfolio aufzunehmen, wenn zwischen diesen und den übrigen Titeln eine günstige Korrelation besteht. Spezifische, oder besser gesagt, unsystematische Risiken einzelner Investments gleichen sich dabei auf der Portfolioebene teilweise aus. Im Idealfall gelingt die vollständige Diversifikation des unsystematischen Risikos.

8.3 Rahmenbedingungen der Kapitalmarktfähigkeit von PPP-Risiken

Inwieweit am Kapitalmarkt eine effektive und effiziente Risikotransformation gelingen kann, hängt insbesondere von den institutionellen Rahmenbedingungen ab. Dem Idealbild eines vollkommenen, friktionslosen Kapitalmarktes, an dem Risikopositionen möglichst ohne Transaktionskosten und Informationsasymmetrien gehandelt und gestaltet („verpackt") werden können, am nächsten kommen die organisierten Wertpapierbörsen, die prinzipiell auch für Public Private Partnerships zugänglich sind. Praktische Relevanz hat dies bisher vor allem im Zusammenhang mit der Fremdkapitalbeschaffung für Projekte im Ausland; speziell im angelsächsischen Raum ist das Instrument der Projektanleihe eine gängige Finanzierungspraxis.[2]

Die wesentlichen unternehmerischen Risiken trägt allerdings das Eigenkapital. In diesem Sinne zielt auch die Bereitstellung von Risikokapital auf die Ausgabe von Beteiligungstiteln an die Gesellschafter einer Unternehmung. Der Handel von Eigenkapital ist an den Aktienmärkten organisiert, folglich sind die Möglichkeiten der Beteiligungsfinanzierung rechtsformabhängig. Eine PPP müsste, um emissionsfähig zu sein, als Aktiengesellschaft oder Kommanditgesellschaft auf Aktien geführt werden. Grundsätzlich steht dem zunächst nichts im Wege und mit dem Eurotunnel findet sich auch ein prominentes (in wirtschaftlicher Hinsicht allerdings nicht erfolgreiches) Beispiel. In der Praxis wird sich freilich regelmäßig ein Größenprob-

[2] Vgl. Weber et al. (2006, S. 627).

lem dahingehend stellen, dass institutionalisierte Börsenzulassungsvoraussetzungen (z. B. Prospekt- und Publizitätspflichten) den Going Public einzelner PPPs unwirtschaftlich machen. Insofern dürfte sich der unmittelbare Handel von Risikokapital für PPP-Projekte in erster Linie auf die nicht organisierten Kapitalmärkte konzentrieren, mit den entsprechenden Nachteilen einer weniger transparenten Preisbildung und mangelnden Fungibilität. Denkbar ist allerdings, dass spezialisierte PPP-Investoren größere Portfolios in börsennotierten Vehikeln platzieren. Bezogen auf die einzelne PPP bleiben die genannten Probleme damit bestehen.

Während an den Wertpapierbörsen, abgesehen von Fragestellungen des Insiderhandels, von symmetrisch verteilten Informationen ausgegangen wird, tritt bei der Übertragung von PPP-Beteiligungen auf nichtorganisierten Märkten ein Problem auf. Kaufinteressenten werden unterstellen, dass die Verkäufer der Beteiligungstitel einen Informationsvorsprung über die zukünftige Ertragslage und die Risiken der Unternehmung besitzen. Weil sie befürchten müssen, sich unter Umständen eine anhand der offiziellen Verkaufsunterlagen nicht erkennbare „Zitrone“ einzuhandeln, werden sie ihren Angebotspreis im Vergleich zu einer Situation unter vollkommener Informationssymmetrie kürzen. Alternativ könnten potentielle Käufer auch versuchen, sich die fehlenden Informationen zu beschaffen. Die damit einhergehenden Kosten mindern aber letztlich auch ihre maximale Kaufpreisbereitschaft. Im Ergebnis könnten Verkäufer „guter“ PPPs nicht mehr willens sein ihre Anteile zu verkaufen, so dass sich ein ineffizientes Marktgleichgewicht einstellt.

Darüber hinaus hemmen formale und materielle Einschränkungen den Handel mit Unternehmensbeteiligungen auf nicht organisierten Märkten. Public Private Partnerships werden typischerweise in der haftungsbeschränkten Rechtsform einer GmbH oder einer GmbH & Co. KG geführt. Während sich die wirksame Übertragung von Kommanditanteilen mit ihrer Anmeldung zur Eintragung im Handelsregister noch vergleichsweise einfach vollziehen lässt (§ 162 HGB), bedarf die Veräußerung von GmbH-Anteilen eines notariell beurkundeten Vertrages (§ 15 GmbHG). Nachhaltig restriktive Wirkungen können auch die Gesellschaftsverträge entfalten. Speziell in Bezug auf PPPs sind in der Praxis vielfältige mittelbare und unmittelbare Hindernisse anzutreffen, etwa wenn die Abtretung von Anteilen der Projektgesellschaft an zustimmungspflichtige Voraussetzungen geknüpft ist. Zudem kann der Marktpreismechanismus ausgehebelt werden, wenn die Rechte und Pflichten der einzelnen Gesellschafter derartig individuell geregelt sind, dass die Homogenität einzelner Anteile an derselben GmbH nicht mehr gegeben ist.

Im Interesse eines effizienten Sekundärmarktes für PPP-Risiken, der angesichts der Projektdynamik im Zeitverlauf eine zufrieden stellende Flexibilität bietet, sollten Handelshemmnisse möglichst vermieden werden. In Bezug auf die projektvertraglichen Regelungen obliegt es der Öffentlichen Hand, inwieweit sie einschränkende Bedingungen durchsetzt oder nicht, was sich in barer Münze bemerkbar machen kann, weil Flexibilität und Transparenz am Kapitalmarkt gemeinhin honoriert werden. Unter anderem ist davon auszugehen, dass die in der aktuellen Marktphase stark engagierten Bauunternehmen in Zukunft einige ihrer erfolgreich ins Laufen gebrachten PPPs wieder verkaufen und ihr darin gebundenes Kapital für neue Projekte freisetzen wollen. Es liegt also auch im öffentlichen Interesse, eine PPP mittels nachvollziehbarer, transparenter Strukturen möglichst marktgängig auszugestalten, weil damit letztlich niedrigere Kapitalkosten verbunden sind. Hier fügt sich außerdem die bereits vorgeschlagene Politik der „offenen Bücher“ ein, die das zuvor beschriebene Informationsproblem bei der nichtorganisierten Vermarktung von Unternehmensbeteiligungen abmildern dürfte.

Allerdings werden flexibel gestaltete Verträge alleine die Kapitalmarktfähigkeit von PPP-Risiken noch nicht im gewünschten Umfang sicherstellen können. Vielmehr verbleiben Einschränkungen, denen mit der Einschaltung von Finanzintermediären begegnet werden kann. Finanzintermediäre sind Kapitalsammelstellen, die finanzielle Mittel von vielen Individuen zusammentragen, bündeln und dem Kapitalmarkt wieder zur Verfügung stellen. Darunter fallen insbesondere Banken, Versicherungen und Fonds bzw. Investmentgesellschaften. Im Unterschied zu produzierenden Akteuren investieren sie nicht in real-, sondern in finanzwirtschaftliche Vermögensgegenstände.

In den nachfolgenden beiden Abschnitten werden einerseits die Rolle von Finanzinvestoren als Eigenkapitalgeber für PPPs und andererseits versicherungsökonomische Aspekte in Bezug auf Einredeverzichtserklärungen bei Forfaitierungsmodellen eingehender betrachtet.

8.4 Risikotransformation durch Beteiligung von Finanzinvestoren

Der im Januar 2008 veröffentlichte Bericht des Deutschen Instituts für Urbanistik zur Einbindung von kleinen und mittelständischen Unternehmen in PPP-Hochbaumaßnahmen zeigt anhand der 30 untersuchten Projekte die herausragende Bedeutung bauwirtschaftlich geprägter Akteure auf der ersten (Hauptauftragnehmer-)Ebene – und zwar unabhängig vom jeweils gewählten Finanzierungsmodell.[3] Die Protagonisten unter den Marktteilnehmern sind in der Lage, das komplette Leistungsspektrum einer Public Private Partnership konzernintern, mithin aus einer Hand, zu erbringen.

Allgemein bieten Projektfinanzierungsstrukturen die Möglichkeit, externe Eigenkapitalgeber einzubeziehen, die am Produktionsprozess operativ nicht beteiligt sind, sondern – auf Basis ihrer Beteiligung an der Zweckgesellschaft – lediglich Gesellschafteraufgaben übernehmen. Investoren dieser Art, die haftendes Eigenkapital bzw. nachrangiges Fremdkapital einbringen und auf dieses eine risikoadäquate Verzinsung erzielen wollen und müssen, werden als Finanzinvestoren bezeichnet.

Somit unterscheidet sich die Interessenlage der Finanzinvestoren in einem PPP-Modell signifikant von der der Sponsoren. Bau- und Betreiberunternehmen beteiligen sich an Public Private Partnerships nicht ausschließlich, aber doch wesentlich, um ihre originäre unternehmerische Leistung am Markt zu platzieren. Verständlicherweise muss diese Leistungserbringung nachhaltig gewinnbringend sein. Be-

[3] Vgl. Deutsches Institut für Urbanistik (2008, S. 111 ff.).

trachtet man den Produktionsprozess PPP als Wertschöpfungskette mit dem charakteristischen Gesamtleistungspaket „Planen, Bauen, Betreiben, Verwerten" als Endprodukt für den öffentlichen Abnehmer, so erhält man verschiedene Wertschöpfungsstufen (oder Wertketten), zwischen denen jeweils eine Kunden-Lieferanten- respektive Input-Output-Beziehung besteht. Sponsoren sind in mindestens zwei, Finanzinvestoren hingegen ausschließlich in die abgrenzbare Wertschöpfungsstufe „PPP" (formal: die Projektgesellschaft) involviert (siehe Abb. 8.3).

Der Begriff Totalunternehmer stammt aus der Bauwirtschaft und bezeichnet dort einen Auftragnehmer, der neben der Bauleistung auch die Entwurfs- und Planungsleistungen liefert und der, im Unterschied zum Total*über*nehmer, selbst operativ an der Produktion beteiligt ist. Im hier illustrierten Fall ist das Bauunternehmen als Sponsor an der PPP beteiligt, nicht jedoch der Betreiber. Sind hingegen Baukonzern und Betreiber unter einem Dach vereinigt, bietet sich der Terminus des **beschaffungsmarktfokussierten PPP-Totalunternehmers** an, der das vollständige Leistungspaket liefert und gleichzeitig in allen drei Bereichen selbst operativ tätig ist.

Es lohnt hier noch ein kurzer Blick auf die Wertschöpfungsstufe PPP an sich: Die operative Produktion findet in den vorgelagerten Stufen statt, was insofern einleuchtet, als zunächst einmal die Projektgesellschaft regelmäßig durch eine schlanke Struktur und im Extremfall lediglich durch eine materiell leere Hülle repräsentiert wird. Gleichwohl finden auf dieser Ebene Wert schöpfende Aktivitäten statt – hauptsächlich durch steuernde und koordinierende Funktionen. Dabei ist es unerheblich, ob diese direkt durch die Projektgesellschaft oder in Form eines externen Managements ausgeübt werden (im Beispiel der Abb. 8.3 könnten der Finanzinvestor und/

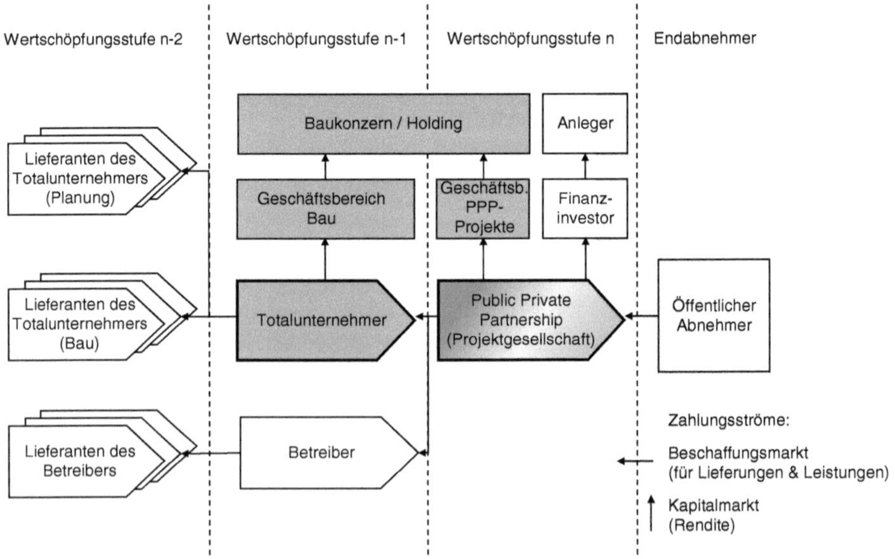

Abb. 8.3 Sponsoren und Finanzinvestoren in der Wertschöpfungskette Public Private Partnership (Quelle: Eigene Darstellung)

oder der Geschäftsbereich „PPP-Projekte“ des Baukonzerns externe Manager der Projektgesellschaft sein). Die weiter unten vorgestellten spezialisierten PPP-/PFI-Unternehmen in Großbritannien bzw. Australien repräsentieren verhältnismäßig trennscharf die Wertkette PPP. Für solche Akteure soll im Weiteren der Begriff des **finanzmarktfokussierten PPP-Total*über*nehmers** verwendet werden.

Bei Wertketten übergreifenden Beteiligungsstrukturen stellen Ausgaben der Projektgesellschaft teilweise Einnahmen anderer Unternehmensbereiche des betreffenden Sponsors dar. Setzt er dort einen höheren Preis für seine Leistung durch, resultiert, ceteris paribus, eine Kostensteigerung auf Ebene der Projektgesellschaft. Finanzinvestoren hingegen können keinen Gewinn aus Nachunternehmerleistungen erzielen, ihre Rendite wird maximiert über eine Optimierung der Einnahmen-/Ausgabensituation der Projektgesellschaft.

Da die langfristigen PPP-Verträge nicht alle möglichen Umweltzustände der Projektlaufzeit vorwegnehmen können, sind sie zwangsläufig unvollständig. Interessenkonflikte können allgemein entstehen, wenn ein oder mehrere Partner die Möglichkeit haben, sich opportunistisch im Sinne einer eigenen Wohlfahrtssteigerung zu Lasten der anderen Beteiligten und entgegen der ursprünglichen partnerschaftlichen Maxime zu verhalten. Die deutlich unterschiedliche Interessenlage von Sponsoren und reinen Finanzinvestoren könnte Auswirkungen auf die Frage der optimalen Finanzierung einer Public Private Partnership haben.

So wäre beispielsweise zu bedenken, dass bauseitig getriebene Auftragnehmer versucht sein könnten, opportunistische Angebote abzugeben, die einen besonders auskömmlichen Preis für die Bauleistung beinhalten und gleichzeitig, um die Angebote per Saldo wettbewerbsfähig zu halten, mit zu niedrig angesetzten Betriebskosten ein späteres Scheitern der Projektgesellschaft bewusst in Kauf nehmen. Wenn in der Endwertbetrachtung die Gewinne aus der Bauphase die (haftungsbeschränkten) Verluste aus der PPP-Beteiligung während der Betriebsphase übersteigen, wäre die Gesamtinvestition für den Auftragnehmer ggf. trotz eines Zusammenbruchs der Projektgesellschaft vorteilhaft. Aus infrastrukturpolitischer Sicht ist allerdings unter dem Aspekt der Daseinsvorsorge ein Ausfall von Public Private Partnerships möglichst zu vermeiden. Schließlich ist es nicht vorstellbar, dass analog einer privatwirtschaftlichen Unternehmensinsolvenz der Produktionsbetrieb auch nur für kurze Zeit eingestellt wird, also etwa Schüler und Lehrer morgens vor verschlossenen Türen stehen.

Unabhängig von der Frage, ob die Abgabe von derartig opportunistischen Angeboten in der Realität tatsächlich möglich wäre, leuchtet jedenfalls ein, dass für einen Finanzinvestor diesbezügliche Anreize nicht evident sind. Sein Interesse besteht generell darin, für Subunternehmerleistungen der Projektgesellschaft stets marktgängige Preise zu bezahlen, während für Industriesponsoren eine Trade-off Situation zwischen Ausgaben der Projektgesellschaft und Einnahmen der operativen Konzerneinheiten besteht.

Generell werden Finanzinvestoren bemüht sein, die Public Private Partnership als solche möglichst von leistungswirtschaftlichen Risiken frei zu halten und sie stattdessen entweder auf Subunternehmer zu verlagern oder beim öffentlichen Auftraggeber zu belassen. Außerdem besitzen sie kraft ihres Geschäftsmodells als Risikokapitalgeber eine hohe Expertise im Risikomanagement und anderen finanzwirtschaftlichen Themenbereichen. Zwar treffen ähnliche Aspekte auch auf Banken zu, die jedoch, sofern sie nicht selbst als Eigenkapitalinvestoren in Erscheinung treten, Forderungstitel erwerben und folglich nicht unmittelbar als Teilhaber der Projektgesellschaft in deren Management eingreifen können.

Zusammenfassend erscheint es sinnvoll, die Einbeziehung von Finanzinvestoren in PPP-Strukturen, sofern sie ein glaubwürdiges Interesse an der nachhaltigen Existenz der Projektgesellschaft haben, systematisch in Betracht zu ziehen.

Der Vollständigkeit halber sei notiert, dass opportunistisches Verhalten nicht auf die beteiligten Industriesponsoren beschränkt, sondern selbstverständlich auch seitens der weiteren Partner, also insbesondere des öffentlichen Auftraggebers, der finanzierenden Banken und der Finanzinvestoren denkbar ist.

8.4.1 Die Projektfinanzierung als Grundvoraussetzung für die Einbindung von Finanzinvestoren

Die Einbeziehung von Finanzinvestoren als Risikokapitalgeber in die Strukturen von PPPs ist an echte Projektfinanzierungslösungen geknüpft, weil nur dort ihr Kapital überhaupt gefragt ist. Die in Deutschland ebenso weit verbreiteten Forfaitierungsmodelle kommen in der Regel ohne signifikante Eigenkapitalanteile aus, wodurch sie für die hier betrachtete Fragestellung eigentlich ausscheiden.

In Anbetracht der Ausführungen des vorigen Abschnittes ließe sich allerdings die Überlegung anstellen, ob nicht prinzipiell auch die Forfaitierung mit Einredeverzicht so gestaltet werden kann, dass sie für finanzmarktfokussierte Eigenkapitalinvestoren zugänglich wird. Dies würde bedeuten, dass nicht die volle vorzufinanzierende Investitionssumme per Forfaitierung beschafft wird, sondern lediglich ein Anteil von 80% oder weniger, wodurch gleichzeitig die Anrechnungspflicht auf den öffentlichen Defizitsaldo entfallen würde. Der verbleibende Rest müsste dann per Beteiligungskapital aufgebracht werden. Letztlich verkörpert eine solche Konstruktion eine Kombination der gängigen Finanzierungsformen, denn die bürgschaftsgleiche Absicherung des rechnerischen Fremdkapitaldienstes durch den Einredeverzicht des Vorhabensträgers bleibt bestehen, während die Projektgesellschaft dessen ungeachtet mit haftendem Risikokapital ausgestattet wird, das sich sowohl auf Industriesponsoren als auch auf Finanzinvestoren verteilen kann.

Typischerweise haben Projektfinanzierungsstrukturen im PPP-Bereich Eigenkapitalquoten zwischen 10 und 30%, wobei für Markt-/Auslastungsrisiko tragende Projekte gemeinhin höhere Anteile gefordert werden (z. T. sogar bis 50%) als für Projekte, deren Erträge von fixen Verfügbarkeitsentgelten abhängig sind. In diesem Sachverhalt kommt die Risikofunktion des Eigenkapitals zum Ausdruck, denn einer mautfinanzierten Verkehrsinfrastrukturmaßnahme liegt sicherlich ein höheres leistungswirtschaftliches Gesamtrisiko zugrunde als einem öffentlichen Verwaltungsbau.

8.4.2 Arten von Finanzinvestoren und ihre Anforderungen

Bei Finanzinvestoren, die für die Beteiligung an PPP-Projekten in Frage kommen, handelt es sich regelmäßig um Private-Equity-Fonds, Kapitalanlage- bzw. (börsennotierte) Investmentgesellschaften, geschlossene Fonds, Versicherungen, Pensionskassen, Stiftungen, Banken (hier als Eigenkapitalgeber) und vermögende Privatpersonen. Die verschiedenen Gruppen unterscheiden sich teilweise erheblich in ihren Investmentzielen, Bedürfnissen und rechtlichen Möglichkeiten.

Boll (2007) hat die Investorenanforderungen speziell im Hinblick auf die Risikoverteilung in Public Private Partnerships eingehend untersucht und aus seinen Erkenntnissen ein lebenszyklusübergreifendes Beteiligungsmodell in Abhängigkeit von der Reife des PPP-Marktes entwickelt (Abb. 8.4). Die hier wesentliche Kernaussage des Beteiligungsmodells ist, dass die einzelnen Investorentypen mit unterschiedlicher Risikobereitschaft und Renditezielsetzung für eine PPP-Beteiligung in verschiedenen Lebenszyklusphasen des Projektes in Betracht kommen. Hintergrund dessen ist, dass Projekte in der Bauphase tendenziell höhere Risiken aufweisen als solche, die bereits die Betriebsphase erreicht haben.

In Bezug auf die Investorenzielsetzungen ist dabei nicht nur die absolute Risiko-/Rendite-Relation zu berücksichtigen, vielmehr ist für Investoren auch von Interesse, wie ihre Rendite zustande kommt, d. h. ob vorwiegend Ertrags- oder Wertänderungsbestandteile maßgebend sind. Bspw. sind Private Equity Fonds eher an Wertsteigerungen interessiert, die sie regelmäßig durch einen Verkauf ihrer Anteile

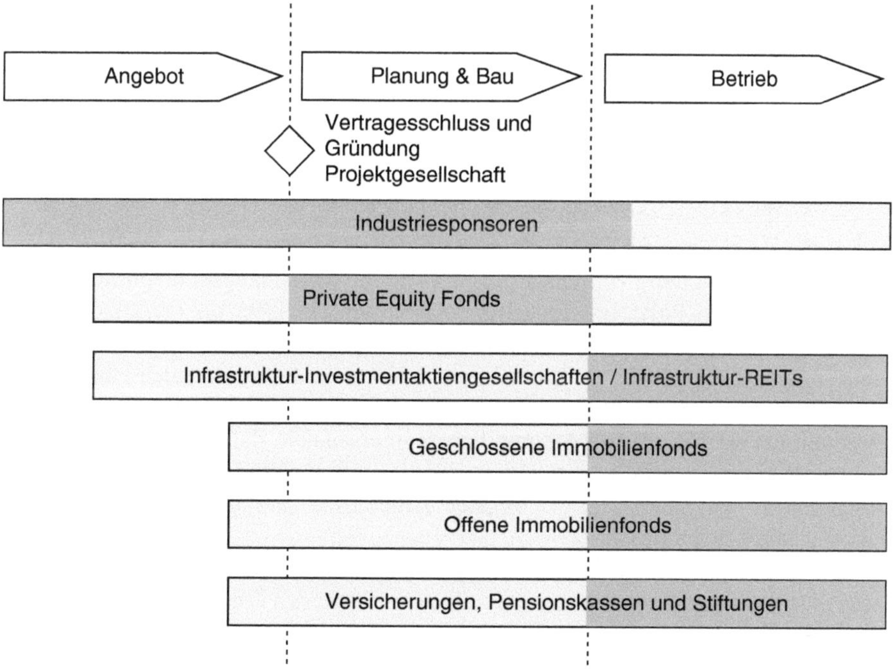

Abb. 8.4 PPP-Beteiligungsmodell für reife, etablierte Märkte (Quelle: Boll (2007, S. 246))

realisieren, während Versicherungen oder Pensionskassen vor dem Hintergrund ihrer geschäftsspezifischen Bilanzstruktur eher auf gleichmäßige Cashflows, d. h. Ausschüttungen der Projektgesellschaft, fokussiert sind.

8.4.3 Rationale aus Investorensicht

Um die Hintergründe eines nachhaltigen Investoreninteresses an PPPs deuten zu können, sind diese zunächst in den Kontext einer vergleichsweise neuen Anlage-/Assetklasse Infrastruktur zu setzen – neben Renten, Aktien, Immobilien, Liquidität und alternativen Investmentstrategien. Da die im Rahmen dieser Untersuchung betrachteten PPPs Infrastruktur-Investitionsprojekte des öffentlichen Hoch- und Ingenieurbaus betreffen (siehe Abschn. 2.2), sind sie sachlich zweifelsohne in diese Anlagekategorie einzugliedern.

Möglicherweise bleibt die Finanzbranche zwar bis dato den Nachweis schuldig, dass Infrastruktur unter portfoliotheoretischen Überlegungen nachhaltig eine eigene Assetklasse repräsentiert und damit tatsächlich mehr ist als ein zeitgeistiger Investmenttrend; dennoch liegen erste Untersuchungen zu dieser Thematik bereits vor. Problematisch sind zwangsläufig die kurze Historie privater Investitionsmöglichkeiten in Infrastruktur, die derzeit quantitativen Analysen vergangenheitsbezogener Daten, welche die Hypothese belegen und in die Zukunft extrapoliert werden könnten, enge Grenzen setzt, sowie das noch überschaubare Marktvolumen. Vor diesem Hintergrund erscheint auch die Auslobung einer neuen Assetklasse PPP- respektive Infrastrukturfonds für den deutschen Markt als voreilig und bedarf noch eines Belegs. Dessen ungeachtet lässt sich derzeit ein hohes Interesse der Vermögensverwaltungsbranche an Infrastrukturinvestitionsmöglichkeiten konstatieren.

1 Portfolioeffekte australischer Infrastrukturinvestitionen

Auf die längste Historie blickt der australische Markt zurück. Peng u. Newell haben 2007 eine Untersuchung vorgelegt, die sich mit der Vorteilhaftigkeit von Infrastrukturinvestitionen in Portfolios im Elfjahreszeitraum Q3/1995 bis Q2/2006 befasst und dabei sowohl börsennotierte als auch nicht börsennotierte Anlagevehikel berücksichtigt. Von besonderem Interesse ist dabei, dass die Studie auch einen Infrastruktur-Subindex berücksichtigt, in den keine Energie- und Telekommunikationsunternehmen einfließen. Die Autoren haben einerseits die risikoadjustierte Rendite (Sharpe-Ratio) und andererseits Diversifikationseffekte im Verhältnis zu anderen Assetklassen analysiert. Die wichtigsten Ergebnisse sind in der nachfolgenden Tab. 8.1 zusammengefasst:

Auffällig ist zunächst, dass mit Infrastrukturinvestments im Betrachtungszeitraum die absolut betrachtet höchste Rendite erzielt werden konnte. Gerade in Bezug auf die börsennotierten Gesellschaften erkauft sich der Investor die höhere Rendite jedoch mit einer deutlich höheren Volatilität. Risikobereinigt, gemessen an der Sharpe Ratio, schneiden die nicht notierten Immobilien- und Infrastrukturanlagen

Tab. 8.1 Risiko-/Renditekennziffern und Korrelationskoeffizienten verschiedener Assetklassen für Australien im Zeitraum Q3/1995 bis Q2/2006

Assetklasse	Risikoadjustierte Rendite				Korrelationskoeffizienten					
	Ø-Rendite, (annualisiert)	Volatilität	Sharpe-Ratio	Rang	Infrastruktur (notiert)	Infrastruktur (nicht notiert)	Immobilien (notiert)	Immobilien (nicht notiert)	Aktien	Renten
Infrastruktur [a] (notiert)	24,9%	23,4%	0,83	4	1,00					
Infrastruktur (nicht notiert)	14,1%	5,8%	1,47	2	0,36	1,00				
Immobilien (notiert)	13,8%	7,9%	1,04	3	0,40	0,24	1,00			
Immobilien (nicht notiert)	10,9%	1,5%	3,67	1	0,03	0,26	0,19	1,00		
Aktien	12,9%	11,0%	0,67	5	0,21	0,06	0,17	0,14	1,00	
Renten	7,2%	4,3%	0,39	6	0,38	0,17	0,49	–0,12	–0,21	1,00

Quelle: Peng u. Newell (2007, S. 14, 17).

[a] Die Zahlen betreffen den Subindex exkl. Energieversorgern und Telekommunikationsunternehmen.

am besten ab, denen kein börsentäglicher Marktpreismechanismus zugrunde liegt und die darüber hinaus von Glättungseffekten bei der Wertermittlung profitieren. Angesichts der Korrelationskoeffizienten mit allen anderen Anlageklassen von durchweg unter 0,5 kann davon ausgegangen werden, dass mit Infrastrukturbeimischungen in Portfolien im selben Zeitraum relevante Diversifikationseffekte einhergegangen sind.

2 Allgemeine Argumente für Infrastrukturinvestitionen

Ohne weiteres auf den deutschen Markt übertragen lassen sich die Erkenntnisse nicht, zumal die hier behandelten PPP-Modelle wiederum nur einen Teilbereich möglicher Infrastrukturinvestitionen betreffen. Von Bedeutung sind daher auch qualitative Aspekte, die ein Investoreninteresse motivieren könnten und auf ein vorteilhaftes Rendite-Risiko- und Diversifikationsverhalten schließen lassen. Dazu gehört insbesondere, dass PPP-Investments

a) langfristige, stabile und vergleichsweise gut prognostizierbare Cashflows mit geringer Volatilität,
b) Zahlungsstromprofile, die sich gut mit der Asset-Liability-Struktur bestimmter Investorentypen (insbes. Versicherungen und Pensionskassen) verbinden lassen,
c) hohe Umsatzrenditen,
d) einen Monopolcharakter des angebotenen Wirtschaftsgutes (bspw. eine Brückenüberfahrt), das eher elementare Bedürfnisse deckt, und
e) einen Inflationsschutz

mit sich bringen können.

3 Kapitalkosten von Finanzinvestoren und Sponsoren

Prinzipiell dürfte davon auszugehen sein, dass Finanzinvestoren angesichts dieser Eigenschaften mit Infrastrukturinvestments mehrheitlich so genannte Absolute-Return-Strategien verfolgen. Damit orientieren sie sich mit ihrer Renditeanforderung nicht in erster Linie an Marktrisikoprämien und Benchmarks, sondern streben primär danach, stets absolut positive Returns, unabhängig vom jeweiligen Marktumfeld, zu erreichen (gleichwohl fließen investmentspezifische Risikobetrachtungen in die Zielrendite ein). In diesem Sachverhalt liegt möglicherweise begründet, dass diverse Finanzinvestoren an PPP-Projekte mit geringeren Renditeerwartungen herantreten werden als etwa börsennotierte Baukonzerne, die einen an der Marktrisikoprämie orientierten Kapitalkostenansatz verfolgen. Es ist nämlich denkbar, dass ein Investor, der ganz speziell ein gleichmäßiges Ertragsprofil sucht, ein solches, wenn es ihm in Form eines PPP-Investments geboten wird, mit einem größeren Risikoprämienabschlag honoriert, als es einem Baukonzern möglich wäre. Dies würde aus Sicht der PPP bedeuten, dass sie sich mit Eigenkapital von Finanzinvestoren etwas günstiger finanzieren kann, als mit Eigenkapital von Industriesponsoren.

In diesem Zusammenhang ist auch zu berücksichtigen, dass operative Investoren bei ihrer Projektauswahl normalerweise gar keinen portfoliotheoretischen Ansatz wählen. Vielmehr muss ihnen unterstellt werden, dass sie vornehmlich an den mit der PPP verknüpften leistungswirtschaftlichen Aufträgen interessiert sind. Darüber hinaus verfügen sie in der Regel über eine geringere Kapitalbasis als Finanzinvestoren. Unter dem Strich ist ihre Portfoliozusammenstellung einseitiger und sie schultern letztlich höhere unsystematische Risiken. Plastisch wird dies, wenn sich etwa ein auf technisch anspruchsvolle Ingenieurbauten spezialisiertes Bauunternehmen vorwiegend an Brücken- und Tunnelprojekten beteiligen würde, woraus sich nebenbei nicht nur eine in sektoraler, sondern auch in geographischer Hinsicht weniger ausgewogene Zusammenstellung ergeben könnte.

An dieser Stelle bietet sich ein Blick zurück auf Abb. 5.1 (Jährliche Veränderung der Nutzungskosten) in Abschn. 5.5 an. Sie illustriert die jährlichen Veränderungsraten der Bewirtschaftungskosten von 15 über Deutschland verteilten Bürogebäuden. Augenscheinlich besteht zwischen den Objekten eine bedeutende Korrelation, denn die Entwicklungspfade verlaufen in vielen Fällen sehr ähnlich. Dies lässt auf eine nur gering ausgeprägte Diversifikation der unsystematischen Bewirtschaftungsrisiken in besagtem Gebäudeportfolio schließen, die mit einer breiteren Streuung verbessert werden könnte. Eine niedriger anzusetzende Risikoprämie wäre die Folge.

Den geringeren Eigenkapitalkosten der Finanzinvestoren stehen höhere Transaktionskosten gegenüber, da eine zusätzliche Partei in die Finanzierungsstruktur integriert wird und sich infolgedessen die Zahl der Schnittstellen vergrößert. Dies ist indes die Perspektive der Projektgesellschaft. In Anbetracht der Überlegungen des vorigen Abschnitts können Finanzinvestoren auch Transaktionskosten senken und effiziente Preisbildungsmechanismen für PPP-Beteiligungen befördern. Indem sie nämlich das Kapital vieler kleiner Investoren bündeln und treuhändisch verwalten, nehmen sie diesen u. a. Kosten der Informationsbeschaffung sowie der Überwindung formaler Hindernisse ab.[4]

Der britische PFI-Markt zeigt aus praktischer Sicht, dass alles in allem ein Effizienzvorteil möglich ist, denn dort spielen Finanzinvestoren eine wichtige Rolle. Im Übrigen scheint es dort kein kritisches Volumen für derlei Strukturen zu geben, die Untergrenze wird vielmehr durch die kritische Größe für PFI-Projekte an sich determiniert. Insofern käme auch ein PPP-Modell mit einem Investitionsumfang in der Größenordnung von 25 Mio. € und einer Eigenkapitalquote in Höhe von 10% für die Beteiligung von Finanzinvestoren in Betracht, wiewohl sich das Investoreninteresse schwerpunktmäßig auf Maßnahmen mit einem höheren Volumen konzentrieren dürfte.

[4] Vgl. Betsch et al. (2000, S. 113 f.).

8.4.4 *Finanzmarktfokussierte PPP-Totalübernehmer als Steuerer und Händler von Risiken*

In reiferen PPP-Märkten, d. h. speziell in Großbritannien und Australien, haben sich mittlerweile Akteure herauskristallisiert, für die eingangs dieses Abschnitts bereits der Begriff des finanzmarktfokussierten PPP-Totalübernehmers eingeführt wurde. Ein solcher zeichnet fallweise für das vollständige Leistungspaket der PPP alleinverantwortlich, überlässt die operativen Aufgaben aber im Wesentlichen Dritten. Ebenso realisiert er Projekte im Joint Venture mit Industrieunternehmen oder anderen Investoren und/oder kauft bereits etablierte Infrastruktureinrichtungen für sein Portfolio zu. Daraus resultiert eine in erster Linie auf finanzwirtschaftliches Risikomanagement ausgerichtete Charakteristik des Tätigkeitsprofils. Zwei Beispiele werden nachfolgend kurz vorgestellt.

1 John Laing[5]

Die Geschäftstätigkeit von John Laing fokussiert auf die Finanzierung, Entwicklung und den Betrieb von öffentlichen Infrastruktureinrichtungen, die gemäß dem PPP-Ansatz realisiert werden. Das Mission Statement lautet wie folgt:

> *The John Laing mission is to succeed globally as a leading sponsor of privately financed investment in infrastructure through our expertise in creating sustainable value for all stakeholders.*
>
> *We will achieve this by enabling and organising winning partnerships to deliver innovative development solutions with the public sector which operate for the benefit of communities world-wide.*

Als langfristiger Investor vereinigt Laing für gewöhnlich rund 50 bis 100% der jeweiligen Projektanteile auf sich. Ein frühzeitiger Abverkauf der Investments wird nicht grundsätzlich angestrebt, jedoch fallweise praktiziert, sofern sich entsprechende Gelegenheiten bieten. Es ist hingegen erklärtes Ziel der Geschäftsleitung, das in den einzelnen Projekten gebundene Kapital signifikant zu reduzieren, sobald die frühen, risikointensiven Projektphasen abgeschlossen sind.

Mit den Investments sollen nachhaltig stabile Erträge und ein beständiger Wertzuwachs des Portfolios erwirtschaftet werden. Als die entscheidenden Werttreiber werden ein aktives Management der einzelnen Projekte und ein starkes Beziehungsnetzwerk zu öffentlichen Kunden, operativen Partnern und privaten Endnutzern erachtet.

John Laing arbeitet mit strategischen Partnern für die operativen Projektaktivitäten zusammen. Für die Bauphase werden Bilfinger Berger, Carillion, Costain, Laing

[5] Die nachfolgenden Informationen wurden sämtlich dem Internetauftritt und dem Geschäftsbericht für das Jahr 2007 von John Laing plc entnommen (http://www.laing.com/overview/Overview.htm; Zugriff am 29. April 2008, eigene Übersetzung).

O'Rourke, Morgan Sindell, Skanska, VINCI sowie Wates und für die Betriebsphase Amey, Cofiroute, Carillion, Interserve, ISS, Ringway und Serco genannt.

John Laing ist historisch aus einem Bau- und Projektentwicklungsunternehmen hervorgegangen. Diese Geschäftsfelder sind sämtlich in den Jahren 2001 bis 2003 verkauft worden. Seit einem im Dezember 2006 vollzogenen Going Private liegen 100% der Kapitalanteile bei einem von Henderson Equity Partners gemanagten Infrastrukturfonds.

2 Macquarie Infrastructure Group[6]

Macquarie Infrastructure Group (MIG) ist einer der weltweit führenden Entwickler und Betreiber von Mautstraßen und versteht sich über diese Funktionen hinaus selbst als Investor und Finanzmanager. Das langfristig ausgerichtete Investmentportfolio umfasst derzeit elf Mautstraßen in sieben Ländern, darunter auch eine 70%ige Beteiligung an der Warnowquerung in Rostock, und wird aktiv gemanagt, d. h. Kauf- und Verkaufsopportunitäten werden fallweise ausgenutzt.

Neue Investments sollen in erster Linie einen positiven Beitrag zur Portfoliorendite leisten und eine Premiumrendite abwerfen, die die leistungs- und finanzwirtschaftlichen Risiken mindestens adäquat kompensiert. Darüber hinaus werden nachhaltige Ausschüttungen und Wertzuwachspotentiale gesucht.

MIG ist ein an der australischen Börse notiertes Investmentvehikel, das, neben weiteren Infrastrukturfonds, durch die Macquarie Bank extern gemanagt wird. Die Aktien sind folglich einem breiten Investorenkreis zugänglich, allerdings dominieren einige institutionelle Großinvestoren die Aktionärsstruktur.

8.4.5 Fallstudie

In diesem Unterabschnitt sollen die wirtschaftlichen Eckpunkte einer PPP unter Beteiligung von Finanzinvestoren anhand des bereits in Abschn. 3.3 eingeführten Schulbaubeispiels herausgearbeitet werden. Dazu werden zunächst die Kapitalkosten der verschiedenen Finanzierungsvarianten (Forfaitierung mit Einredeverzicht, Projektfinanzierung ohne und mit Finanzinvestoren) analytisch ermittelt. Anschließend erfolgt die Modellierung des Beispiels in einem vollständigen Finanzplan unter Berücksichtigung von Transaktions- und Sicherungskosten.

Ausgangspunkt war die Errichtung und der Betrieb eines öffentlichen Schulgebäudes mit geplanten Investitionskosten von rund 25 Mio. €. Im Rahmen der PPP-Beschaffung wurden Selbstkosten der geplanten Investition von 26,25 Mio. € ermittelt. Inklusive Risikovorsorge, Unternehmergewinn (für die Bauleistung), Bauzwischenfinanzierung, Angebots- und Nebenkosten sowie Dotierung einer anfäng-

[6] Die nachfolgenden Informationen wurden sämtlich dem Internetauftritt und dem Geschäftsbericht per 30. Juni 2007 von Macquarie Infrastructure Group entnommen (http://www.macquarie.com.au/au/mig/about.htm; Zugriff am 29. April 2008, eigene Übersetzung).

Tab. 8.2 Finanzierungsrahmenparameter für ein PPP-Beispiel

	Forfaitierung mit Einredeverzicht	Projektfinanzierung
Gesamtinvestitionskosten	30 Mio. €	30 Mio. €
Eigenkapital	0%/0 Mio.	10%/3 Mio. €
Kapitalkosten vor Steuern (Totalunternehmer)	n.a.	10% p.a.
Kapitalkosten vor Steuern (Finanzinvestor)	n.a.	9% p.a.
Fremdkapital	100%/30 Mio. €	90%/27 Mio. €
Zinsmarge	20 Basispunkte	90 Basispunkte
Zinssatz	5,0% p.a.	5,70% p.a.

Quelle: Eigene Darstellung.

lichen Liquiditätsreserve soll sich der Finanzierungsbedarf auf insgesamt 30 Mio. € belaufen. Im Unterschied zum oben in Abschn. 3.3 besprochenen Beispiel soll nun mit einer Gesamtlaufzeit von 30 Jahren kalkuliert werden, nach deren Abschluss sowohl Eigen- als auch Fremdkapital vollständig amortisiert sein müssen. Die Kapitalkosten des Finanzinvestors seien aus den unter 8.4.3 erläuterten Gründen um 100 Basispunkte günstiger im Vergleich zu einem Totalunternehmer.

Die Finanzierungsrahmenparameter sind in Tab. 8.2 dargestellt. Aus Vereinfachungsgründen wird angenommen, dass ausschließlich reine Beteiligungs- und Forderungstitel ausgegeben werden können. Zwischenformen und hybride Finanzierungsinstrumente stehen hingegen nicht zur Disposition.

1 Finanzierungsbelastung

Ein erster Eindruck über die Finanzierungskonditionen lässt sich über die Gesamtkapitalkosten der Investition gewinnen. Aus Vereinfachungsgründen soll hier von Steuern abstrahiert werden, so dass sich der Kapitalkostensatz k der PPP wie folgt errechnet:

$$k = \frac{EK_{MW}}{UW_{MW}} \cdot r_{EK} + \frac{FK_{MW}}{UW_{MW}} \cdot r_{FK}$$

mit:

k = gewogener Kapitalkostensatz,
EK_{MW} = Marktwert des Eigenkapitals,
FK_{MW} = Marktwert des Fremdkapitals,
UW_{MW} = Marktwert aller Finanzierungstitel,
r_{EK} = Eigenkapitalrenditeforderung,
r_{FK} = Fremdkapitalrenditeforderung (Zinskosten).

Mit Zuschlagserteilung und Gründung der Projektgesellschaft werden die Finanzierungstitel zu Marktkonditionen ausgegeben, insofern können marktbedingte Veränderungen ihrer Werte zu diesem Zeitpunkt noch nicht aufgetreten sein. Für eine Projektfinanzierung ohne Beteiligung von Finanzinvestoren errechnet sich demnach der Kapitalkostensatz zu:

$$k = \frac{3}{30} \cdot 10\% + \frac{27}{30} \cdot 5,70\% = 6,13\%.$$

Würde hingegen das Eigenkapital vollständig durch den Finanzinvestor bereitgestellt werden, reduzieren sich die Kapitalkosten auf 6,03% p.a. Im Forfaitierungsmodell stehen Kapitalkosten von 5,0% p.a. demgegenüber. Bezogen auf das Finanzierungsvolumen resultiert die Projektfinanzierung gegenüber der Forfaitierung folglich in einer isolierten Zinsmehrbelastung von rund 310 bis 340 T € pro Jahr (in Bezug auf das eingesetzte Eigenkapital handelt es sich nicht um einen vertraglich fixierten Zinssatz, sondern um eine Verzinsungserwartung der Gesellschafter).

Um den vollständigen finanzierungsbedingten Zahlungsstrom zu erhalten, muss allerdings noch die Tilgung bzw. Amortisation berücksichtigt werden. Die Rückführung des Eigenkapitals wird dabei analog zum Fremdkapital behandelt, so dass für beide eine Annuität angenommen werden kann, die jeweils separat über den Kehrwert des Rentenbarwertfaktors zu ermitteln ist.

Unter Berücksichtigung der Vollamortisation sämtlicher Finanzierungstitel über die 30 jährige Laufzeit reduziert sich damit der Finanzierungskostenvorteil des Forfaitierungsmodells bereits auf rund 240 bis 270 T €. Dies hängt damit zusammen, dass bei annuitätischen Zahlungsströmen mit sinkendem Zinssatz die Tilgungsrate der ersten Periode hinreichend höher eingestellt werden muss, um das Kapital im selben Zeitraum vollständig zurückzubezahlen (siehe Tab. 8.3).

Würde man unterstellen, dass die Finanzierungsbelastung im laufenden Betrieb etwa die Hälfte der Gesamtkosten ausmacht, wären für die Betriebsleistungen rund 2 Mio. € im Jahr zu veranschlagen. Somit errechnet sich ein anfängliches jährliches Nutzungsentgelt in der Größenordung um 4 Mio. €. Eine von einem Totalunternehmer getragene Projektfinanzierung kommt den Vorhabensträger in unserem Beispiel um ca. 6,7% teurer als ein Forfaitierungsmodell, bei dem er jedoch einen un-

Tab. 8.3 Annuitätenzahlungsströme der Beispiel-PPP

	Forfaitierung	Projektfinanzierung (Sponsor)	Projektfinanzierung (Finanzinvestor)
Annuitätenfaktor (EK)	0%	10,61%	9,73%
kalkul. Annuität (EK)	0,00 Mio.	0,32 Mio.	0,29 Mio.
Annuitätenfaktor (FK)	6,51%	7,03%	7,03%
Annuität (FK)	1,95 Mio.	1,90 Mio.	1,90 Mio.
Summe	**1,95 Mio.**	**2,22 Mio.**	**2,19 Mio.**

Quelle: Eigene Darstellung.

eingeschränkten Einredeverzicht zu erklären hat. Wird der PPP-Auftrag an einen Finanzinvestor vergeben, ließe sich der Entgeltnachteil im ersten Betriebsjahr auf ca. 6% reduzieren.

2 Risikoverteilung der Finanzierungsalternativen

Sämtliche leistungs- und finanzwirtschaftlichen Risiken einer Investition werden durch das Kapital getragen. Um vertieft in die Analyse einzusteigen, ist vorweg ein wichtiger Sachverhalt zu beachten. Das Kapital finanziert hier eine PPP, genauer gesagt die Auftrag nehmende Projektgesellschaft. Diese wird nicht alle im Sinne des weiter oben[7] spezifizierten optimalen Transfermodells übernommenen Risiken selbst behalten, sondern großteils auf ihre Subunternehmer und Geschäftspartner (z. B. Versicherungen) weitertransferieren. Die Inhaber der Finanzierungstitel der Projektgesellschaft tragen folglich nur noch solche Risiken (und Chancen), die nicht weitergegeben worden sind. Dazu gehören z. B., dass eine vertragliche Regelung in ihrem ursprünglich beabsichtigten Sinn nicht durchgesetzt werden kann oder ein Subunternehmer ausfällt und teurerer Ersatz beschafft werden muss.

Im hier betrachteten Beispiel wird ohne weiteres klar: Im Forfaitierungsmodell trägt das zu 100% durch eine Bank per Forderungstitel überlassene Kapital nur noch ein einziges, exakt abgrenzbares Risiko, i. e. der Zahlungsausfall des öffentlichen Vorhabensträgers.[8] Alle anderen Risiken der Projektgesellschaft schmälern zunächst deren Rücklagen bzw. Sicherungsmechanismen und werden, soweit diese nicht ausreichen, ceteris paribus, infolge der vollständigen Einredeverzichtserklärung auf die Öffentliche Hand zurück übertragen.

Für sich genommen könnte die Konstruktion für die Öffentliche Hand ein gutes Geschäft sein. Wenn die Projektgesellschaft auf Basis ihrer Subunternehmerverträge weitgehend risikofrei gestellt wird, könnte der verbleibende Rücktransfer über die Nutzungsentgeltersparnis angemessen abgegolten sein. Allerdings tritt hier ein Risiko opportunistischen Verhaltens (Moral Hazard) der privaten Partner auf: Weiter oben wurde anhand von Abb. 8.3 gezeigt, wie operativ tätige Sponsoren im Wertschöpfungsprozess PPP beteiligt sind. Sofern für ein Forfaitierungsmodell eine Projektgesellschaft etabliert wird, vereinigen sich Management und Kontrolle über diese und ihre essentiellen Subunternehmer unter einem Dach. Das für die Gründung der Projektgesellschaft erforderliche (marginale) Stammkapital stellt indes kein ernst zunehmendes Pfand der Eigentümer dar. Somit besteht ein Anreizproblem des Auftragnehmers dahingehend, die Haftung für Risiken möglichst innerhalb der Projektgesellschaft zu verankern, weil sie dort die Unternehmer wirtschaftlich weniger berühren. Dem muss der Vorhabensträger im Interesse seiner Daseinsvorsorgepflicht mit adäquaten Sicherungsmechanismen (beispielsweise Vertragserfüllungsbürgschaften für die Betriebsleistungen, Eintrittsrechte in die Subunternehmerverträge und/oder eigene Controllingaktivitäten) entgegenwirken.

---

[7] Siehe Abschn. 4.4.

[8] Vgl. Kloppenburg (2008, S. 10).

Der Kapitalkostenvorteil der Forfaitierungslösung kann infolgedessen vollständig aufgezehrt werden.[9]

In unserem Modellfall könnte der Auftragnehmer eine Vertragserfüllungsbürgschaft in Bezug auf die Betriebsleistung in Höhe des ersten jährlichen Nutzungsentgeltes verlangen. Bei einem jährlichen Avalzins in Höhe von 1,5% errechnet sich daraus eine Belastung für die Projektgesellschaft in Höhe von 60 T € p.a. und der anfängliche Entgeltvorteil des Forfaitierungsmodells schmilzt auf 180 bis 210 T € rsp. 4,5 bis 5,2%.

Mit derartigen Betrachtungen lassen sich erste wichtige Erkenntnisse über die Finanzierung der PPP gewinnen. Soweit wurde lediglich das erste Nutzungsentgelt statisch betrachtet. Für die Beteiligten wird es jedoch notwendig sein, in einer Bar- oder Endwertbetrachtung sämtliche anfallenden Zahlungen über die gesamte Projektlaufzeit zu berücksichtigen. Wenn zusätzlich noch Effekte wie etwa unterschiedliche Transaktionskosten mit einbezogen werden sollen, müssen Finanzpläne herangezogen werden. Im Sinne des hier behandelten Risikotransfers auf Kapitalgeber werden sie nachfolgend in Form einer Investmentrechnung der PPP-Gesellschafter modelliert.

3 Finanzplanrechnung

Zwecks Modellierung der PPP sind zunächst einige weitere Annahmen zu treffen, insbesondere hinsichtlich der prognostizierten Bewirtschaftungskosten. Hier wird von 2 Mio. € während des ersten Betriebsjahres ausgegangen. Davon seien 200 T € Verwaltungskosten, 1.000 T € Betriebskosten und 800 T € Aufwendungen für Wartung und Instandhaltung. Größere Instandsetzungsmaßnahmen seien darüber hinaus über die 30 jährige Laufzeit nicht vorgesehen.

Des Weiteren soll von nun an von einer jährlichen Preissteigerung in Höhe von 2% ausgegangen werden. Um dem höheren Strukturierungsaufwand einer Projektfinanzierung gerecht zu werden, seien deren Transaktionskosten um 200 T € höher als im Rahmen einer Forfaitierungslösung. Zudem wird die fremdfinanzierende Bank auf eine Schuldendienstreserve bestehen, die hier in Höhe einer Annuität unterstellt wird. Soweit die überschüssige Liquidität aus der Bauphase nicht ausreicht, sollen die Reservekonten aus den Cash Flows der ersten Betriebsjahre aufgefüllt werden. Schließlich werde noch hinsichtlich der Liquidität in der Projektgesellschaft eine Rendite von 3,5% p. a. unterstellt.

Die Eckdaten der PPP sind, unterschieden nach der jeweiligen Finanzierungsform, in der nachfolgenden Tab. 8.4 zusammengefasst.

Aus den obigen Eckdaten kann das jeweils zu veranschlagende Nutzungsentgelt kalkuliert werden. In Bezug auf die beiden Projektfinanzierungsvarianten soll von einem Schuldendienstdeckungsgrad für das erste volle Betriebsjahr von 1,20 ausgegangen werden. Die Indexierung des Nutzungsentgeltes kann anschließend über eine Rückwärtsrechnung anhand der geforderten Eigenkapitalrenditen erfolgen. Schlussendlich ist noch zu überprüfen, ob das kalkulierte Nutzungsentgelt im Plan-

[9] Vgl. ausführlich Miksch (2007).

Tab. 8.4 Eckdaten der Beispiel-PPP für Finanzplanmodellierung

	Einheit	Forfaitierung	Projektfinanzierung (Sponsor)	Projektfinanzierung (Finanzinvestor)
Bauinvestitionen				
Bauinvestitionskosten	T €	27.500	27.500	27.500
Transaktionskosten	T €	1.675	1.875	1.875
Liquiditätsreserve	T €	825	825	825
Gesamtinvestitionskosten	**T €**	**30.000**	**30.200**	**30.200**
Investitionsjahre	a	1	1	1
Amortisationsjahre	a	30	30	30
Bewirtschaftungskosten				
Verwaltungskosten	T €	200	200	200
Betriebskosten	T €	1.000	1.000	1.000
Wartung & Instandhaltung	T €	800	800	800
Bewirtschaftungskosten	**T €**	**2.000**	**2.000**	**2.000**
Wachstumsraten				
Inflation	%	2,00%	2,00%	2,00%
Finanzierung				
Fremdkapitalquote	%	100,00%	90,00%	90,00%
Fremdkapital	T €	30.000	27.180	27.180
Fremdkapitalzins	%	5,00%	5,70%	5,70%
Annuität	T €	1.952	1.912	1.912
Eigenkapitalkosten vor Steuern	%	na	10,00%	9,00%
Liquiditätsrendite	%	3,50%	3,50%	3,50%
Sicherheiten				
Bankbürgschaft (Betriebsphase)	T €	4.011	0	0
Avalzins	%	1,50%	na	na
Bürgschaftskosten	T €	60	0	0
Schuldendienstreserve (Soll)	%	0%	100,00%	100,00%
Schuldendienstreserve (Soll)	T €	0	1.912	1.912

Quelle: Eigene Darstellung.

szenario auch in den späteren Betriebsjahren noch zu auskömmlichen periodischen Schuldendienstdeckungsgraden führt.

Für die Forfaitierung ist ein solches Vorgehen in Ermangelung von Eigenkapital jedoch nicht möglich. Hier errechnet sich das jährliche Nutzungsentgelt über die kalkulierten Kosten. Die Projektgesellschaft erwirtschaftet demnach über die Laufzeit planmäßig weder Überschüsse noch Verluste. Tabelle 8.5 zeigt die Ergebnisse der Finanzplanmodellierung.

Im Vergleich zur statischen Betrachtung offenbart die dynamische Finanzplananalyse, dass der Kostenvorteil der Forfaitierung trotz geringerer Transaktionskosten nicht größer ausfällt. Hinsichtlich des Nutzungsentgeltes der ersten Periode liegt er bei 6,3%. Betrachtet man hingegen den Barwert aller Entgeltzahlungen, die die Öffentlichen Hand über die Vertragslaufzeit zu leisten hat, ist die Forfaitierungslösung 4,2 bis 5,2% günstiger, je nach dem, welche Eigenkapitalverzinsung in der

Tab. 8.5 Ergebnisse des PPP-Finanzplanmodells

	Einheit	Forfaitierung	Projektfinanzierung (Sponsor)	Projektfinanzierung (Finanzinvestor)
Entgelte				
Anfängliches Nutzungsentgelt	T €	4.011	4.265	4.265
Differenz	%	0,0%	6,3%	6,3%
Barwert d. Nutzungsentg. @5%	T €	69.650	73.255	72.583
Differenz	%	0,0%	5,2%	4,2%
Ergebnisse der Investitionsrechnung				
Barwert d. Ausschüttungen @5%	T €	na	2.415	1.775
Eigenkapitalrendite (IRR)	%	na	10,0%	9,0%
Min. DSCR (in Periode)		1,00	1,14 (30)	1,08 (30)
Max. DSCR (in Periode)		1,00	1,22 (7)	1,22 (4)

Quelle: Eigene Darstellung.

Projektfinanzierung gefordert wird. Dabei spielt eine Rolle, dass die Nutzungsentgelte in der Sponsoren-Projektfinanzierung wegen der höher erwarteten Eigenkapitalrendite stärker steigen als in der Finanzinvestoren-Variante.

Bemerkenswert ist, dass alleine die hier über einen Finanzinvestor vollzogene Reduzierung des Renditeanspruchs für die zehnprozentige Eigenkapitalfinanzierung um 100 Basispunkte eine spürbare Vergünstigung der PPP bewirkt.

Zieht man nun noch Controllingaktivitäten der Öffentlichen Hand in Erwägung, die für Forfaitierungsmodelle wegen des Einredeverzichts deutlich höher eingeschätzt werden als für Projektfinanzierungen, liegen die Finanzierungsalternativen für PPP-Projekte hinsichtlich der Höhe der Nutzungsentgelte nicht mehr weit auseinander. 50 T € Mehraufwand p.a. würden den Barwertvorteil des Forfaitierungsmodells auf 2,8 bis 3,7% reduzieren.

Zu einem ähnlichen Ergebnis kommt Miksch, der anhand seines Modellfalls beide Finanzierungsalternativen praktisch auf Augenhöhe sieht.[10] In die Entscheidungsfindung sollten vor diesem Hintergrund ergänzend eher qualitativ zu bewertende Kriterien einfließen, beispielsweise Aspekte der Verhaltenssteuerung, die zu Beginn des Kapitels angesprochen wurden.

4 Erweiterung der Finanzplanrechnung: Berücksichtigung der ungeplanten Instandsetzungsaufwendungen

Im Zuge von Abschn. 3.3 wurden die wirtschaftlichen Auswirkungen ungeplanter Instandsetzungsaufwendungen bei verschiedenen Beschaffungsvarianten miteinander verglichen. Mit den nachfolgenden Ausführungen sollen die Konsequenzen solcher Risikoeintritte bei unterschiedlichen Finanzierungsformen für ein und dieselbe PPP unter der Annahme aufgezeigt werden, dass eine Abwälzung auf Subunterneh-

[10] Vgl. Miksch (2007, S. 176).

Tab. 8.6 Ungeplante Instandsetzungsaufwendungen im zwölften Betriebsjahr bei verschiedenen Finanzierungsformen

	Forfaitierung	Projektfinanzierung (Sponsor)	Projektfinanzierung (Finanzinvestor)
Nutzungsentgelt	4.498,46	4.751,12	4.709,85
davon forfaitiert	−1.951,54	0,00	0,00
Rohertrag der PG	**2.546,91**	**4.751,12**	**4.709,85**
Bewirtschaftungskosten	−2.486,75	−2.486,75	−2.486,75
ungeplante Instandsetzungen	−3.730,12	−3.730,12	−3.730,12
Liquiditätserträge	28,88	66,91	66,91
Fremdkapitaldienst	0,00	−1.911,63	−1.911,63
Sicherungskosten	−60,17	0,00	0,00
Cash Flow Ergebnis	**−3.701,25**	**−3.310,48**	**−3.351,74**
Liquiditätsreserve	825,00[a]	1.911,63	1.911,63
Bankbürgschaft	2.876,25	0,00	0,00
Deckungslücke	**0,00**	**−1.398,85**	**−1.440,11**
Reststand Bürgschaft	1.134,75	0,00	0,00
EK-Rendite (t_{12} bis t_{30})	na	12,7%	9,1%
korrigierte EK-Rendite (t_0 bis t_{30})	na	6,1%	4,6%

Quelle: Eigene Darstellung. (Alle Werte in T €.)
[a] Die Liquiditätsreserve im Forfaitierungsmodell resultiert aus der Bauphase und wurde als zusätzliches Sicherheitspolster in der Projektgesellschaft zurückbehalten.

mer der Projektgesellschaft nicht (mehr) möglich ist, bspw. weil diese zwischenzeitlich nicht mehr existieren.

Die obige Finanzplanrechnung wird demzufolge in den Betriebsjahren 12 und 25 mit bei Vertragsschluss nicht absehbaren Kosten in Höhe von je 3,0 Mio. € (Nominalpreis in Periode 1) belastet. Zur Interpretation der Ergebnisse wird unterstellt, dass beide Instandsetzungsaufwendungen abrupt und unabhängig voneinander anfallen. Zum Zeitpunkt t = 12 wissen die Beteiligten also noch nicht, dass auch in t = 25 eine Mehrbelastung auf die Zweckgesellschaft zukommt.

Alle anderen Eingangsdaten der Rechnung bleiben unverändert. Für das zwölfte Jahr ergibt sich daraus das in Tab. 8.6 dargestellte Bild.

In allen drei Fällen kann die Projektgesellschaft die zusätzliche Belastung nicht stemmen. Im Forfaitierungsfall muss die Bank als Vertragserfüllungsbürge einspringen und die Unterdeckung ausgleichen. Die beiden non-recourse finanzierten Gesellschaften werden dagegen zahlungsunfähig und sind gezwungen, Insolvenz anzumelden, sofern die Teilhaber oder Dritte nicht willens sind, frisches Kapital nachzuschießen. Im Insolvenzfall gehen die Verfügungsrechte gemeinhin von den Inhabern der Beteiligungstitel auf die Inhaber der Forderungstitel über. Das heißt, die Investoren verlieren (vereinfacht) sämtliche Ansprüche auf zukünftige Ausschüttungen und den Liquidationserlös nach Vertragsauslauf. Deshalb ist die Frage, ob Geld nachgeschossen werden soll, eine neue Investitionsentscheidung, die die Akteure dann positiv bescheiden, wenn sie ihre Renditeerfordernisse auf Basis der noch zu erwartenden zukünftigen Erträge erfüllt sehen. Wohlgemerkt: hier sind ausschließlich die Erträge aus der Projektgesellschaft relevant. Die Subunternehmerebene bleibt auch in der Betrachtung der Sponsoren außen vor. Dies ist deswegen

Tab. 8.7 Ungeplante Instandsetzungsaufwendungen im 25. Betriebsjahr bei verschiedenen Finanzierungsformen

	Forfaitierung	Projektfinanzierung (Sponsor)	Projektfinanzierung (Finanzinvestor)
Nutzungsentgelt	5.228,58	5.397,53	5.295,78
davon forfaitiert	−1.951,54	0,00	0,00
Rohertrag der PG	**3.277,04**	**5.397,53**	**5.295,78**
Bewirtschaftungskosten	−3.216,87	−3.216,87	−3.216,87
ungeplante Instandsetzungen	−4.825,31	−4.825,31	−4.825,31
Liquiditätserträge	0,00	66,91	66,91
Fremdkapitaldienst	0,00	−1.911,63	−1.911,63
Sicherungskosten	−60,17	0,00	0,00
Cash Flow Ergebnis	**−4.825,31**	**−4.489,38**	**−4.591,13**
Liquiditätsreserve	0,00	1.911,63	1.911,63
Bankbürgschaft	1.134,75	0,00	0,00
Deckungslücke	**−3.690,56**	**−2.577,75**	**−2.679,50**
Reststand Bürgschaft	0,00	0,00	0,00
Reststand Fremdkapital	na	8.118,64	8.118,64

Quelle: Eigene Darstellung. (Alle Werte in T €.)

stichhaltig, weil im Falle einer ablehnenden Nachschussentscheidung die Bank das Projekt als neuer Eigentümer weiterführen würde und demzufolge die Sponsoren ohnehin keine Wahlmöglichkeit in Bezug auf die Fortführung ihrer Zulieferleistungen hätten.

In beiden Projektfinanzierungsvarianten fällt die Nachschussentscheidung positiv aus. Die Investoren werden in Höhe der jeweiligen Deckungslücke folglich frisches Eigenkapital in die Gesellschaft geben und für diese nachträgliche Einlage eine auskömmliche Verzinsung prognostizieren. Die Gesamtprojektrendite schmilzt empfindlich zusammen, bleibt aber noch positiv. Im Rahmen einer solchen Sanierung kann ein Eigentümerwechsel effizient sein, da sich die Risikopräferenzen der Altgesellschafter über die Jahre ggf. beträchtlich verschoben haben und sie möglicherweise trotz der vorteilhaften Nachinvestition aus dem Projekt aussteigen wollen.

So wird unser Projekt, unabhängig von der Finanzierungsvariante, zwölf weitere erfolgreiche Jahre durchlaufen. Im 25. Betriebsjahr indes sehen sich die Beteiligten erneut mit nicht vorhergesehenen Instandsetzungsarbeiten konfrontiert. Die Situation wird jetzt erheblich verfahrener, wie Tab. 8.7 zeigt.

Die Zahlen des Forfaitierungsmodells machen deutlich, dass nunmehr auch die zusätzliche Sicherheit der Bankbürgschaft nicht ausreicht, um die außerordentlichen Instandsetzungsaufwendungen zu finanzieren. Für die Teilhaber der Projektgesellschaft oder anderweitige Investoren macht eine Kapitalerhöhung keinen Sinn, denn in den verbleibenden fünf Betriebsjahren können sie diese Investition nicht amortisieren. Und schließlich hat auch die Bank kein Interesse daran, Geld nachzuschießen oder auf etwaige Ansprüche zu verzichten, denn aufgrund der Einredeverzichtserklärung werden ihre Forderungen in jedem Fall bedient. Als letzter Akteur verbleibt der öffentliche Vorhabensträger mit zwei Handlungsoptionen: Entweder er übernimmt die Projektgesellschaft von den bisherigen Eigentümern und schießt selbst das benötigte Kapital nach, oder er unternimmt nichts und die Projektgesellschaft wird insolvent und anschließend liquidiert.

Entscheidet er sich für die erste Alternative, könnte er als neuer Eigentümer die PPP in ihrem bestehenden Vertragswerk fortführen und weiterhin auf die Subunternehmer der Betriebsphase zurückgreifen, ohne dass sich die Konditionen für deren Leistungen ändern. Im Fall der Liquidation erhält er das Gebäude mit einem Instandsetzungsstau in Höhe von EUR 3,7 Mio. zurück, muss weiterhin an die Bank den forfaitierten Nutzungsentgeltanteil leisten und ist unter Umständen gezwungen den Gebäudebetrieb neu zu organisieren. Die Frage, welche von beiden Alternativen die wirtschaftlichere ist und ebenso die verschiedenen Anreizprobleme, die sich daraus ergeben können, sollen an dieser Stelle nicht weiter verfolgt werden.

Für die beiden Projektfinanzierungen gilt ebenso, dass es für die Gesellschafter rsp. unbeteiligte Dritte unwirtschaftlich ist, das benötigte Kapital zur Verfügung zu stellen. Kommt es allerdings zu einer Liquidation, müsste die Bank ihre zum Zeitpunkt t_{25} verbleibenden Forderungen vollständig abschreiben, denn auf eine verwertbare Realsicherheit kann sie in diesem Inhabermodell nicht zurückgreifen. Alternativ kann sie selbst den finanziellen Engpass beseitigen, in dem sie das Projekt übernimmt oder Zugeständnisse auf der Fremdkapitalseite macht. Auf eine weitere Detailanalyse wird hier verzichtet. Der in Tab. 8.7 ausgewiesene Reststand des Darlehens legt aber doch den Schluss nahe, dass eine Liquidation des Projektes die unwirtschaftlichste Lösung des Problems für die Bank ist. Insofern kann von einer Fortführung der PPP ausgegangen werden.

8.4.6 Ergebnisauswertung

Die Finanzplanmodellierung veranschaulicht allgemein die Risikotransferfunktion der Finanzierung im Rahmen von PPPs und im Besonderen den Rücktransfer von leistungswirtschaftlich bedingten PPP-Risiken auf die Öffentliche Hand infolge der Abgabe einer Einredeverzichtserklärung. Während in beiden Projektfinanzierungsvarianten die PPP trotz des Eintritts von zwei erheblichen Risiken ohne Mehrbelastung für den Auftraggeber zu Ende geführt wird, resultiert für ihn im Forfaiterungsmodell ein signifikanter Schaden. In unserem Modell lässt sich vor diesem Hintergrund praktisch keine stichhaltige Aussage mehr dahingehend treffen, dass eine Finanzierung per Forfaitierung den öffentlichen Auftraggeber günstiger kommt als eine Projektfinanzierung.

Ein ganz wesentlicher Aspekt darf indessen keinesfalls übersehen werden: Die Mehrbelastung für die Öffentliche Hand aufgrund der beiden Instandsetzungen wäre im Zuge einer konventionellen Beschaffung des Schulgebäudes bei Weitem die höchste – völlig unabhängig von der Finanzierungsvariante der PPP.

In der Realität werden Instandsetzungserfordernisse häufig nicht aus heiterem Himmel auftauchen, sondern sich über einen längeren Zeitraum abzeichnen, vorausgesetzt es sind adäquate Controllingprozesse etabliert. Gemäß dem Vorsichtsprinzip wären Rückstellungen zu bilden oder proaktiv Gegenmaßnahmen zu ergreifen, die die Ausschüttungsmasse der Projektgesellschaft bzw. die Gewinne der Subunternehmer bereits in vorangehenden Perioden schmälern. Dies löst einen Innenfinanzierungseffekt aus, der die Auswirkungen des Schadeneintritts zu Lasten der Teilhaber und zu Gunsten der Bank und/oder der Öffentlichen Hand verschiebt. Unter dem Strich muss der Vorhabensträger bei Forfaitierungsmodellen mehr eigene Ressourcen für ein funktionierendes Projektcontrolling bereithalten als bei projektfinanzierten PPPs.

Des Weiteren hat sich gezeigt, dass Finanzinvestoren PPPs merklich vergünstigen können, wenn ihr nachvollziehbar geringeres Renditeerfordernis über niedrigere Nutzungsentgelte weitergegeben wird. Das Beispiel zeigt auf der anderen Seite, dass sich die Risikoposition der Bank erhöht, da die Schuldendienstdeckungsgrade im Finanzinvestorenmodell niedriger ausfallen als in der Sponsor-Projektfinanzierung (siehe Tab. 8.5). Folgerichtig erleidet die Bank in t_{25} einen höheren Schaden. Es stellt sich die Frage, ob die Annahme derselben Eigenkapitalquote und Zinsmarge für beide Projektfinanzierungen vor diesem Hintergrund gerechtfertigt ist. Ob die geringere Schuldendienstdeckung etwa durch verbesserte Anreizstrukturen oder eine höhere finanzwirtschaftliche Expertise der Investoren kompensiert werden kann, bleibt weiteren Untersuchungen vorbehalten.

Für die obige Rechnung wurde unterstellt, dass die beiden Eintritte von Instandsetzungsrisiken die Projektgesellschaft und gerade nicht deren Nachunternehmer treffen, wie es die Back-to-Back-Projektverträge normalerweise vorsehen. Jedoch können über eine Vertragslaufzeit von 30 Jahren signifikante Veränderungen in den kapitalseitigen Haftungsverhältnissen eintreten. Ein Subunternehmer, der in t_0 über ausreichend Finanzkraft verfügt, um das hier unterstellte Risiko abzufangen, kann einige Jahre später in einer drastisch schlechteren wirtschaftlichen Situation sein und im schlimmsten Fall gar nicht mehr existieren. Dies hat zwangsläufig zur Folge, dass sich die Belastungen infolge der Risikoeintritte anders verteilen, als bei Vertragsschluss beabsichtigt, und speziell die Projektgesellschaft als Schuldner der Gesamtleistung treffen können. Derartige Stress-Szenarien sollten von Anbeginn mit in Erwägung gezogen werden; es bieten sich beispielsweise Value-at-Risk Analysen an, die in Abschn. 6.4.2 vorgestellt wurden. Unterbleibt dies, gehen wertvolle Informationen über die Wirtschaftlichkeit einzelner Finanzierungsalternativen unter.

Die Risikotransformationsfunktion der Finanzierung liefert einen Grund für die Feststellung, dass sich Forfaitierungs- und Projektfinanzierungsmodelle in der Gesamtbelastung des öffentlichen Auftraggebers nur wenig unterscheiden. Das Gesamtrisiko der PPP bleibt von der gewählten Finanzierungsstruktur im Wesentlichen unberührt. Insofern sollten sich die am Kapitalmarkt geforderten Risikoprämien in Summe über alle ausgegebenen Finanzierungstitel (wodurch die Kapitalkosten maßgeblich bestimmt werden) bei einer Forfaitierungslösung nicht anders einstellen als bei einer Projektfinanzierung. Die Berechtigung tatsächlicher Wirtschaftlichkeitsunterschiede einzelner Finanzierungsformen lässt sich in diesem Zusammenhang ausschließlich aus Marktunvollkommenheiten (z. B. Steuern, Informationsineffizienzen, opportunistisches Verhalten, unvollständig diversifizierte Portefeuilles, Transaktionskosten, etc.) ableiten. Es liegt auf der Hand, dass das Pauschalargument der günstigen Finanzierungskonditionen der Öffentlichen Hand nicht greifen kann, sondern das Auffinden der optimalen Finanzierung ein deutlich komplexeres Problem darstellt.

Ebensowenig sind generelle Aussagen zur Vorteilhaftigkeit von Forfaitierung oder Projektfinanzierung möglich, vielmehr wird die optimale Finanzierung einer PPP immer nur Einzelfallgültigkeit haben. Allgemeinverbindliche Grundsatzentscheidungen zugunsten der einen oder anderen Variante erscheinen vor dem Hintergrund der obigen Analysen eher kontraproduktiv.

Unterdessen bleibt aber zu prüfen, ob Tendenzaussagen für bestimmte Projektkategorien abgeleitet werden können, so beispielsweise die Frage, ob eine Projektfinanzierung bei PPPs mit Marktrisiko regelmäßig Vorteile bietet. Überdies wäre denkbar, dass sich Verfügbarkeitsmodelle mit 1-0-Muster besser für Projektfinanzierungen eignen. Eine derartige Situation betrifft z. B. Partikeltherapiezentren,[11] die entweder ganz oder gar nicht nutzbar sind. In einem Schadenfall wäre die Öffentliche Hand bei Abgabe einer Einredeverzichtserklärung somit stets mit hohen Belastungen konfrontiert. Im besprochenen Schulprojekt ist das Gebäude hingegen trotz des Instandsetzungsstaus vielleicht noch eingeschränkt nutzbar.

Angesichts der Schlussfolgerung, dass Forfaitierungsmodelle in Zukunft weiterhin ihre Berechtigung behalten und von praktischer Relevanz sein werden, greift der anschließende Abschnitt die Risiken der Öffentlichen Hand aus der Einredeverzichtserklärung auf und sucht nach Entwicklungspotentialen bei Ausnutzung von Bündelungseffekten.

8.5 Risikotransformation mittels Versicherung und Ansätze zur Bündelung von Einredeverzichtsrisiken

8.5.1 Derzeitiger Status quo des Risiko-Poolings

Aus kapitalmarkttheoretischer Sicht drängt sich in Bezug auf Einredeverzichtserklärungen bei Forfaitierungsmodellen ein Problem von prinzipieller Natur auf: Die Einredeverzichtserklärung kann wie eine Bürgschaft verstanden werden, denn sie verkörpert ein abstraktes Zahlungsversprechen, d. h. die Öffentliche Hand garantiert bedingungslos für die Erfüllung der an die Bank verkauften Forderungen gegen sie selbst, unabhängig vom tatsächlich realisierten Leistungsbild des Auftragnehmers. Infolgedessen hält die Bank einen Forderungstitel in unbekannter Höhe gegen den öffentlichen Auftraggeber in Händen und letzterer wiederum trägt als Schuldner der unbekannten Zahlung eine unspezifische Risikoposition.

Im Lichte der Finanzierungstheorie müsste die Risikoposition im Projektverlauf am Kapitalmarkt flexibel transformiert werden können, wovon allerdings aus heutiger praktischer Sicht nicht auszugehen ist, da die abstrakte Zahlungsschuld jeweils bei den öffentlichen Vorhabensträgern verankert bleibt. Dort stellt sie eine

[11] So etwa die beiden PPP-Projekte Westdeutsches Protonentherapiezentrum Essen und Partikeltherapiezentrum in Kiel.

einmalige Situation dar, d. h. die am Kapitalmarkt übliche finanzwirtschaftliche Diversifikation unsystematischer Risiken kann nicht greifen.

Gleichzeitig werden in Großbritannien echte Projektfinanzierungslösungen für inhaltlich vergleichbare Projekte realisiert, bei denen sowohl Zins- als auch Tilgungszahlungen in Bezug auf das – in aller Regel per Anleihe bereitgestellte – Fremdkapital durch eine externe Kredit- bzw. Anleiheversicherung (im folgenden kurz: Anleiheversicherung) gewährleistet werden; d. h. die Versicherung entschädigt die Gläubiger für Zahlungsausfälle des Schuldners. Der dahinter stehende Versicherer (engl. Monoline Insurer) umhüllt folglich die herkömmliche Anleihe, deren Rating sich aus der Wirtschaftlichkeit des Projektes ableitet, mit eigener zusätzlicher Bonität (engl. Wrapping).[12] Infolgedessen wird ebenfalls eine Reduzierung der Zinskosten des Fremdkapitals erreicht, woraus sich eine gewisse Affinität der Instrumente Einredeverzicht und Anleiheversicherung ableitet. Nachfolgend werden diese einander gegenübergestellt.

8.5.2 Vergleich von Einredeverzicht und Anleiheversicherung

Der Einredeverzicht ist unter Finanzierungsaspekten ähnlich aufzufassen wie eine Anleiheversicherung. Eine wesentliche Leistungsstörung bzw. eine Insolvenz des PPP-Auftragnehmers stellt in dieser Analogie den Versicherungsfall dar, weil der öffentliche Auftraggeber den Schuldendienst in jedem Fall sicherstellt, selbst wenn der Auftragnehmer aufgrund von Entgeltkürzungen und/oder Kostenüberschreitungen dazu gar nicht mehr in der Lage wäre. Der an die Fremdkapitalgeber in einem konkreten Schlechtleistungsfall abzuführende Entgeltanteil, für den keine Gegenleistung mehr erfolgt, entspricht der Versicherungsentschädigung.

Der bedeutsame Unterschied zwischen beiden Varianten ist folgender: Während der Anleiheversicherung in einer echten Projektfinanzierungsstruktur eine konkret bezifferbare Versicherungsprämie zugrunde liegt, geht deren Äquivalent in einem Forfaitierungsmodell mit Einredeverzicht in einem (im Vergleich zur gewöhnlichen Projektfinanzierung reduzierten) Gesamtnutzungsentgelt unter und kann nicht ohne Weiteres nachvollzogen werden.

Das Instrument der Monoline Insurance ist in Großbritannien bereits vielfach im Rahmen von PFI-Anleihefinanzierungen zum Einsatz gekommen, die als so genannte Wrapped Bonds mit einem Aaa-Rating am Kapitalmarkt platziert wurden. Ein konkretes Beispiel ist das Walsall Manor Hospital PFI-Projekt in Großbritannien mit einem Gesamtfinanzierungsvolumen von rund GBP 177 Mio., wobei 10% in Form von Eigenkapital bzw. nachrangigem Fremdkapital, je in gleichen Teilen durch Innisfree und Skanska, und 90% in Form von erstrangigem Fremdkapital bereitgestellt wurden. Die Fremdfinanzierung wurde über eine Anleihe arrangiert, für deren Erfüllung die Financial Security Assurance (FSA) garantiert. Dies führte zu einem Aaa-Rating der Anleihe durch Moody's. Im Vergleich dazu lautet das

[12] Vgl. Weber et al. (2006, S. 626).

ebenfalls veröffentlichte Rating derselben Anleihe bei Wegfall der Finanzgarantie lediglich auf Baa2.[13] Insofern ließe sich über die Ratingdifferenz, die einen Margen- bzw. Risikoprämienaufschlag für die Fremdfinanzierung zur Folge hätte, der Wert der Versicherung für die Projektgesellschaft sowie die Anleihezeichner herleiten und den Versicherungskosten (inkl. der zusätzlichen Strukturierungsaufwendungen) gegenüberstellen.

Augenscheinlich war im Falle des Krankenhauses in Walsall die Anleiheversicherung die wirtschaftlichere Alternative gegenüber einer Platzierung der Anleihe ohne einen solchen Schutzmechanismus. Was aber sind die ökonomischen Bestimmungsgründe für diesen Sachverhalt?

Die Zahlungsgarantie wird durch einen externen privatwirtschaftlichen Finanzdienstleister abgegeben, der erstens auf dem Gebiet der Finanzversicherungen spezialisiert ist und demnach professionelle Erfahrung im Risikomanagement solcher Instrumente nachweisen kann. Zweitens bündelt er qua Definition die übernommenen Risiken in seinem Gesamtportfolio an Versicherungen und kann damit einen über die reine Mathematik der großen Zahlen hinausgehenden, vorteilhaften Diversifikationseffekt erzielen, weil mögliche Kreditausfälle von den unterschiedlichsten Faktoren abhängen und unter Umständen sogar negativ miteinander korreliert sein können. Letztlich kalkuliert der Versicherer also vor dem Hintergrund seines geschäftsspezifischen Risikopoolings mit einer geringeren Prämie, als die Fremdkapitalgeber es tun würden, wobei vorauszusetzen ist, dass der Wert der Anleiheversicherung die Margenreduzierung auf Seiten der Gläubiger angemessen reflektiert.

Dem kooperativen Gedanken der PPP entsprechend, müsste der vermutete Effizienzgewinn nicht nur einer Partei, sondern allen Beteiligten gemeinsam zum Vorteil gereichen. Angesichts der aktuellen Geschehnisse an den Finanzmärkten bleibt allerdings abzuwarten, ob eine Herabstufung der Aaa-Ratings diverser Monoline Insurer die Wirtschaftlichkeit solcher Instrumente in Bezug auf PPP-Projekte beeinträchtigt. Bei vereinzelten britischen PPPs ist zwischenzeitlich gar die kuriose Situation eingetreten, dass das isolierte Projektrating besser ausfällt als das des Anleiheversicherers.[14] Hier stellt sich außerdem grundsätzlich die Frage nach der kapitalmarkttheoretischen Rationalität des Geschäftsmodells an sich, d. h. wie es überhaupt schlüssig begründet werden kann, warum ein Kreditversicherer einen noch weitergehenden Diversifikationseffekt erzielt und/oder Risiken besser einschätzt und daher mit geringeren Prämien auskommt als etwa eine Großbank, die regelmäßig ein umfangreiches und breit gestreutes Kreditportfolio in ihren Büchern hat. Schließlich bleiben sämtliche leistungswirtschaftlichen Risiken der PPP, die nach Vertragsschluss Zahlungsstörungen verursachen könnten, vom Einsatz derartiger Finanzinstrumente unberührt.

Eine öffentliche Gebietskörperschaft andererseits, die ein PPP-Modell realisiert, gibt die Garantie des Einredeverzichts einmalig in Bezug auf das von ihr initiierte Projekt ab und im Regelfall ist nicht davon auszugehen, dass speziell eine Kommune ein einigermaßen großes Portfolio von mehreren Public Private Partnerships

[13] Quelle: Infrastructure Journal (www.ijonline.com, Zugriff am 7.8.2008).

[14] Vgl. Moody's (2009, S. 3).

umsetzen wird. Vor diesem Hintergrund ist die nachhaltige Effizienz von Forfaitierungslösungen mit der gängigen Ausgestaltung des Einredeverzichts in Frage zu stellen, denn die Portfoliodiversifizierung der damit übernommenen Risiken fällt in der Regel deutlich geringer aus als bei einem professionellen Finanzinstitut bzw. fällt sie sogar gänzlich weg, wenn es sich um einen einzigartigen Vorgang handelt. Darüber hinaus erfordern herausgegebene Garantien ein professionelles Risikomanagement; solche Kapazitäten sind auf Seiten der öffentlichen Vorhabensträger üblicherweise nicht vorhanden. Aufgrund der Ähnlichkeit der Instrumente Anleiheversicherung und Einredeverzicht könnte man vereinfacht unterstellten, der öffentliche Vorhabensträger versichert einmalig eine bestimmte (hier nicht näher untersuchte) Risikoposition. Es leuchtet ein, dass dies nicht dem kollektiven Wesen einer Versicherung entspricht.

Zu berücksichtigen wäre noch eine etwaige Gewährträgerhaftung der Länder oder gar des Bundes, die letztendlich zu einer Bündelung der Verpflichtungen aus Einredeverzichtserklärungen einzelner Kommunen führen würde. Solange allerdings als Regelfall angenommen wird, dass die Kommunen auch im Ernstfall einer notleidenden PPP ihre Zahlungsversprechen erfüllen können, lässt sich aus der – ohnehin fraglichen – Gewährträgerhaftung kein Risiken diversifizierender Portfolioeffekt ableiten.

Klarstellend sei noch ergänzt, dass nicht die Forfaitierung der Leistungsentgeltforderung als solche, sondern in erster Linie der Einredeverzicht kritisch zu hinterfragen ist. Forfaitierungen können, wie beispielsweise im Rahmen des ebenfalls als PPP realisierten Protonentherapiezentrums in Essen, auch ohne Einredeverzicht eingesetzt werden.

Allerdings müssen die Zweifel an der ganzheitlichen Effizienz von Einredeverzichtserklärungen nicht heißen, dass sich gerade die öffentliche Seite in der PPP mit deren Abgabe schlechter stellt. Dies hängt vielmehr einerseits an der Höhe der Gegenleistung, i. e. dem Versicherungsprämienäquivalent, und andererseits an gegenläufigen Vertragselementen, mittels derer die Leistungserbringung abgesichert wird, sowie den Endschaftsregelungen bezüglich des Projekts (insbesondere bezüglich des Rückerwerbs des Projektvermögens), weil damit das Risiko einer tatsächlich auszubezahlenden (gedanklichen) Versicherungsentschädigung reduziert werden kann.

8.5.3 Entwicklungspotenziale der Finanzierungslösungen

Der Vergleich von Einredeverzichtserklärungen mit privatwirtschaftlichen Anleiheversicherungen hat die Ähnlichkeit der Instrumente gezeigt. Beide erfüllen u. a. eine Risikotransformationsfunktion und könnten ihrem Wesen nach auch als gewöhnliche Bürgschaften verstanden werden. Im Fall der Versicherung liegt ein konkret bezifferbarer Marktpreis in Form der Prämie vor. Im Forfaitierungsmodell hingegen geht das Prämienäquivalent in einem reduzierten Nutzungsentgelt unter. Mit Hilfe von transparenteren bzw. aussagekräftigeren Wirtschaftlichkeitsnachweisen und Vergütungsstrukturen ließen sich zunächst einmal belastbarere Aussagen zur Vorteilhaftigkeit der gewählten Finanzierungsalternative treffen.

Des Weiteren ist zu analysieren, ob das Instrument der Einredeverzichtserklärung grundsätzlich weiterentwickelt werden kann, schließlich fällt das Begeben und Steuern von Finanzgarantien rsp. Versicherungen üblicherweise nicht in den Tätigkeitsbereich der öffentlichen PPP-Vorhabensträger. Aus Sicht der Fremdkapitalgeber ist es indessen unerheblich, ob die Öffentliche Hand selbst oder ein Dritter für die Erfüllung des Kapitaldienstes garantieren, solange letzterer eine gleichwertige finanzielle Leistungsfähigkeit nachweisen kann. Wenn aber eine Kommune als Auftraggeber einer PPP mit der Erklärung des Einredeverzichts Risiken übernimmt, diese nicht sämtlich über anderweitige Sicherungsmechanismen an die privaten Projektpartner weitertransferieren kann und somit gleichsam wie ein Versicherer mit nur einem Versicherungsnehmer und nur einem konkreten Versicherungsabschluss in Erscheinung tritt, liegt der Gedanke nahe, dass hier noch Optimierungspotential besteht.

Andererseits sind auch Monoline Insurances – gerade in Anbetracht der aktuellen Finanzmarktkrise – problembehaftet, zumal ihre effizienzsteigernde Wirkung aus kapitalmarkttheoretischer Sicht nicht ohne Weiteres erklärt werden kann. Außerdem kommen sie vorwiegend bei Anleihefinanzierungen für Projekte mit einem eher größeren Volumen zum Einsatz und eignen sich daher nicht für die Mehrheit der kommunalen PPP-Projekte, für die unter Umständen aber auch keine echte Projektfinanzierung in Betracht kommt.

Daher erscheint die Überlegung lohnenswert, inwieweit die Ausgestaltung und Realisierung von Einredeverzichtserklärungen verbessert werden kann, indem deren Zahlungsversprechen nicht unmittelbar beim Vorhabensträger im Sinne des Eigenvorsorgeprinzips, sondern an einer zentralen öffentlichen Stelle verankert werden, um auf diese Weise einen versicherungsökonomischen Risikoausgleich und einen Portfolioeffekt zu erzielen. Dies erhöht zwar, ceteris paribus, die Kosten des einzelnen Projektes, weil eine Art Versicherungsprämie an den Träger der Zahlungsversprechen fällig wäre, könnte aber bei ganzheitlicher Betrachtung eine positive Wohlfahrtswirkung zur Folge haben.

Zu denken wäre hier an den kommunalen Schadenausgleich – eine nicht rechtsfähige Selbsthilfeeinrichtung, in der sich Städte und Gemeinden zusammenschließen, um spezifische Risikoausschläge, etwa aus Haftpflichtschäden, solidarisch aufzufangen, zu verteilen und auf diese Weise für die einzelnen Mitglieder wirtschaftlich tragfähig zu machen. Möglicherweise lassen sich finanzielle Verluste aus leistungsgestörten Public Private Partnerships in den Schadenausgleich integrieren und auf diese Weise die bei den PPP-Vorhabensträgern verbleibenden Risiken aus Einredeverzichtserklärungen unbürokratisch bündeln. Darüber hinaus käme bspw. auch die staatliche Kreditanstalt für Wiederaufbau als letztendlicher Träger der Einredeverzichte in Betracht.

Verfolgenswert erscheint auch der Gedanke, ob ein öffentlicher Vorhabensträger als wesentlicher Projektpartner der PPP einen hier bisher nicht in Erwägung gezogenen Informationsvorsprung besitzt, der es ihm im Prinzip ermöglicht, mit geringeren Prämien für bestimmte Projektrisiken auszukommen, als entfernter stehende

Fremdkapitalgeber oder Kreditversicherer, weil auf seiner Seite das Ausmaß der Unsicherheit geringer ist. Gerade bei Sanierungsprojekten sind Informationsasymmetrien denkbar, die dazu führen könnten, dass die Platzierung von Risiken an den Kapitalmärkten teurer ist, als diese bei der öffentlichen Hand zu belassen, wofür u. a. Einredeverzichtslösungen in Frage kommen.

Zusammenfassend kann festgehalten werden, dass Forfaitierungsmodelle, so sie sich denn im konkreten Anwendungsfall als die wirtschaftlichste Finanzierungsvariante herausstellen, in Bezug auf den Transfer der Einredeverzichtsrisiken gegebenenfalls optimiert werden können. Die hier aufgeworfenen Entwicklungspotenziale sind dabei als Vorschläge zu verstehen, die in Wissenschaft und Praxis weiter diskutiert werden sollten.

8.6 Finanzierung als Kehrseite der leistungswirtschaftlichen Perspektive eines PPP-Projekts

Wie gezeigt wurde, liegt in der deutschen PPP-Landschaft eine Fehlauffassung der Finanzierung vor, die als Leistungsbaustein verstanden wird. Hingegen geht die Betriebswirtschaftslehre von zwei Seiten einer unternehmerischen Medaille aus. Die Güterproduktion erfolgt im Leistungsbereich, während sich sämtliche finanzwirtschaftlichen Aktivitäten – und damit auch die Finanzierung mit ihrem originären Mittelbeschaffungszweck sowie das Risikomanagement – im Finanzbereich abspielen. Diese Fehlauffassung lässt allgemein auf Ineffizienzen schließen. Das vorstehende Kapitel hat sich mit finanzwirtschaftlichen Fragestellungen auseinander gesetzt und einige Ansätze zur Verbesserung der Wirtschaftlichkeit aufgezeigt.

Zunächst wurde angesichts der Problemstellung dieser Abhandlung die Risikotransformation mittels Finanzierungsmaßnahmen aufgegriffen. Weil die Erträge einer PPP-Investition unsicher sind, können auch die Financiers nicht mit sicheren Zahlungsströmen rechnen, vielmehr haften sie mit dem durch sie überlassenen Risikokapital. An den Finanzmärkten findet aber nicht nur eine einmalige Risikoallokation (Primärfinanzierung einer PPP), sondern ein kontinuierlicher (sekundärer) Handel mit Risiken statt, dessen Effizienz mit der Vollkommenheit der Märkte ansteigt. Diese Flexibilität des Kapitalmarkts bietet für Public Private Partnerships Chancen, weil sich die Projektrisiken im Zeitverlauf dynamisch entwickeln.

Prinzipiell sind die mit der Bereitstellung öffentlicher Infrastrukturbauten einhergehenden Risiken marktfähig, wenn die Beschaffung in Form einer PPP erfolgt. In der konventionellen Realisierungsvariante verbleiben sie hingegen im Wesentlichen bei der Öffentlichen Hand und sind dem mit dem sekundären Kapitalmarkthandel einhergehenden Anpassungsprozess an neue Umweltsituationen oder Präferenzen entzogen. Auf Sicht einer üblichen Lebensdauer von Infrastrukturbauten kann die mit einer konventionellen Realisierung fixierte Risikoallokation daher ineffizient sein, selbst wenn sie sich auf Basis der zum Zeitpunkt der Beschaffungsentscheidung verfügbaren Informationen als vorteilhaft dargestellt hat.

Wird eine PPP-Beschaffung gewählt, gestaltet sich der Handel mit Risikokapital in der Praxis insofern problematisch, als sich Beteiligungstitel an Projektgesellschaften im Normalfall nicht für die organisierten Märkte eignen. Eine Mittlerfunktion können Finanzinvestoren einnehmen, die Eigenkapital zur Verfügung stellen. Ihr portfoliobasierter Investmentansatz lässt auf eine im Vergleich zu Industriesponsoren wirksamere Diversifikation unsystematischer Risiken schließen. Zudem erhöht ihre Berücksichtigung im PPP-System allgemein das Kapitalangebot bzw. den Wettbewerb um die Investitionsmöglichkeiten. Unter dem Strich dürfte ein Rückgang der Eigenkapitalkosten für PPP-Modelle die Folge sein.

Eine Finanzplananalyse hat gezeigt, dass bereits ein Rückgang der geforderten Eigenkapitalrendite von 10 auf 9% eine spürbare Reduktion des zu veranschlagenden Nutzungsentgeltes bewirkt. Dabei hat sich außerdem herausgestellt, dass die Beschaffungspreise bei Forfaitierungsmodellen und Projektfinanzierungen deutlich weniger weit auseinander liegen, als die Kapitalkostendifferenz vordergründig erwarten lässt. Beide grundlegenden Finanzierungsformen haben aus der Perspektive des Risikomanagements ihre Berechtigung im Markt für PPP-Finanzierungen, die Entscheidung ist im Einzelfall zu treffen.

Letztens wurde in Bezug auf Forfaitierungsmodelle anhand eines Vergleichs mit Anleiheversicherungen der Frage nachgegangen, ob und wie der Risikotransfer bei Einredeverzichtserklärungen verbessert werden kann. Aus kapitalmarkttheoretischer Sicht erscheint es unzweckmäßig, die Haftung bei dem jeweiligen Vorhabensträger zu belassen, sondern vielmehr vielversprechend, eine versicherungsökonomische Risikobündelung anzustreben. Ob dies beispielsweise über das Instrument des Kommunalen Schadenausgleichs oder eine Einbindung der Kreditanstalt für Wiederaufbau gelingen kann, bleibt einer weiteren grundlegenden Prüfung vorbehalten.

Die Ergebnisse zeigen, dass mit der Einreihung der Finanzierung in den leistungswirtschaftlichen PPP-Bereich wichtige Dimensionen der Finanzwirtschaft untergehen und nachhaltige Wertschöpfungspotenziale ungenutzt bleiben. Ein Umdenken bezüglich der Einordnung und Relevanz der Finanzierung im PPP-System ist der betriebswirtschaftlich-theoretische Ausgangspunkt vielfältiger Optimierungsmöglichkeiten, mit dem Ziel, in der finanzwirtschaftlichen PPP-Perspektive einen ähnlichen Effizienzgrad zu erreichen, wie er schon heute in der realwirtschaftlichen anzutreffen ist.

Literatur und Lesetipps

Zitierte Literatur

Alfen, Hans; Daube, Dirk (2005): Public Private Partnership im Hochbau. Evaluierung der Wirtschaftlichkeitsvergleiche der ersten PPP-Pilotprojekte im öffentlichen Hochbau in NRW. In: Finanzministerium des Landes Nordrhein-Westfalen (Hrsg.): Leitfaden. Düsseldorf, Februar 2005.

Betsch, Oskar; Groh, Alexander P; Schmidt, Kay (2000): Gründungs- und Wachstumsfinanzierung innovativer Unternehmen. München (u. a.): Oldenbourg.
Boll, Philip (2007): Investitionen in Public Private Partnership-Projekte im öffentlichen Hochbau unter besonderer Berücksichtigung der Risikoverteilung. Köln: Immobilien Manager Verlag.
Budäus, Dietrich (2006): Public Private Partnership – Kooperationsbedarfe, Grundkategorien und Entwicklungsperspektiven. In: Budäus, Dietrich (Hrsg.): Kooperationsformen zwischen Staat und Markt. Baden-Baden: Nomos, S. 11–28.
Deutsches Institut für Urbanistik (2008): PPP und Mittelstand. Berlin: Dt. Inst. für Urbanistik.
Kloppenburg, Norbert (2008): Aus Sicht der Finanzwirtschaft: PPP und die „Partnerschaften Deutschland". In: Knop, Detlef (Hrsg.): Public Private Partnership Jahrbuch 2008. Frankfurt am Main: S. 9–11.
Miksch, Jan (2007): Sicherungsstrukturen bei PPP-Modellen aus Sicht der öffentlichen Hand, dargestellt am Beispiel des Schulbaus. Berlin: Univ.-Verl. der TU.
Moody's (2009): Sector Outlook on EMEA PFI/PPP. In: Moody's Investors Service (Hrsg.): Industry Outlook. New York (u. a.), January 2009.
Peng, Hsu; Newell, Graeme (2007): The Significance of Infrastructure in Investment Portfolios. Pacific RIM Real Estate Society Conference. Fremantle.
Pfnür, Andreas (2002): Betriebliche Immobilienökonomie. Heidelberg: Physica-Verlag.
Weber, Martin; Moß, Oliver; Bachhuber, Falk (2006): Anforderungen und Besonderheiten bei der Finanzierung von PPP-Projekten. In: Weber, Martin; Schäfer, Michael; Hausmann, Friedrich (Hrsg.): Praxishandbuch Public Private Partnership. München: C. H. Beck, S. 599–639.

Ausgewählte weiterführende Literaturempfehlungen

Albach, Horst; Hunsdiek, Detlef; Kokalj, Ljuba (1986): Finanzierung mit Risikokapital. Stuttgart: Poeschel.
Blecken, Udo; Meinen, Heiko (2007): Quantitative ökonomische Modelle für PPP- und BOT-Projekte. Neuwied (u. a.): Werner.
Brealey, Richard; Myers, Stewart (2000): Principles of corporate finance. Boston, MA (u. a.): 6. Aufl., McGraw-Hill.
Breuer, Wolfgang (2008): Finanzierung. Wiesbaden: 2. Aufl., Gabler.
Franke, Günter; Hax, Herbert (2004): Finanzwirtschaft des Unternehmens und Kapitalmarkt. Berlin (u. a.): 5. Aufl., Springer.
Hopfe, Jörg; Napp, Hans-Georg; Bergmann, Sebastian (2008): Finanzierung. In: Bundesministerium für Verkehr, Bauen und Stadtentwicklung und Deutscher Sparkassen- und Giroverband (Hrsg.): PPP-Handbuch. S. 131–175.
Hupe, Michael (1995): Steuerung und Kontrolle internationaler Projektfinanzierungen. Frankfurt: Peter Lang.
Krohnsnest, Stefan (2006): Kreditrisiko und Gemeinden. Hamburg, Universität Hamburg.
Liem, Harry; Timotijevic, Dragana (2005): Infrastructure – going global and listed. Mercer Investment Consulting (Hrsg.): Discussion Paper.
Löwik, Lonneke; Hobbs, Peter; Cam, Kate (2005): Understanding Infrastructure. RREEF (Hrsg.): Research Publication.
Moody's (2007): Operating Risk in Privately-Financed Public Infrastructure (PFI/PPP/P3) Projects, Special Comment.
Nevitt, Peter; Fabozzi, Frank (2005): Project financing. London: 7. Aufl., Euromoney Books.
Perridon, Louis; Steiner, Manfred (2007): Finanzwirtschaft der Unternehmung. München: 14. Aufl., Vahlen.
Weber, Martin; Moß, Oliver; Schwichow, Heike (2004): Public Private Partnership im Hochbau. Finanzierungsleitfaden. In: Finanzministerium des Landes Nordrhein-Westfalen (Hrsg.): Leitfaden. Düsseldorf.

Verzeichnis der Gesetze und Verordnungen

Bundeshaushaltsordnung (BHO) vom 19. August 1969 (BGBl. I S. 1284), zuletzt geändert durch Artikel 9 des Gesetzes vom 13. Dezember 2007 (BGBl. I S. 2897).

Gesetz betreffend die Gesellschaften mit beschränkter Haftung (GmbHG) in der im Bundesgesetzblatt Teil III, Gliederungsnummer 4123-1, veröffentlichten bereinigten Fassung, zuletzt geändert durch Artikel 4 des Gesetzes vom 19. April 2007 (BGBl. I S. 542).

Grundgesetz für die Bundesrepublik Deutschland (GG) in der im Bundesgesetzblatt Teil III, Gliederungsnummer 100-1, veröffentlichten bereinigten Fassung, zuletzt geändert durch das Gesetz vom 28. August 2006 (BGBl. I S. 2034).

Handelsgesetzbuch (HGB) in der im Bundesgesetzblatt Teil III, Gliederungsnr. 4100-1, veröffentlichten bereinigten Fassung, zuletzt geändert durch Artikel 17 des Gesetzes vom 21. Dezember 2007 (BGBl. I S. 3089).

Haushaltsgrundsätzegesetz (HGrG) vom 19. August 1969 (BGBl. I S. 1273), zuletzt geändert durch Artikel 123 der Verordnung vom 31. Oktober 2006 (BGBl. I S. 2407).

Hessische Gemeindeordnung (HGO) vom 25. Februar 1952, GVBl. S. 11, in der Fassung vom 1. April 2005, GVBl. I S. 142.

Sachverzeichnis

MIX
Papier aus verantwortungsvollen Quellen
Paper from responsible sources
FSC® C105338
FSC
www.fsc.org

If you have any concerns about our products,
you can contact us on
ProductSafety@springernature.com

In case Publisher is established outside the EU,
the EU authorized representative is:
Springer Nature Customer Service Center GmbH
Europaplatz 3, 69115 Heidelberg, Germany

Printed by Libri Plureos GmbH
in Hamburg, Germany